怎样当好猪场兽医

ZENYANG DANGHAO ZHUCHANG SHOUYI

焦福林　主编

中国科学技术出版社
·北　京·

图书在版编目（CIP）数据

怎样当好猪场兽医 / 焦福林主编 . —北京：中国科学技术出版社，2017.6

ISBN 978-7-5046-7501-9

Ⅰ. ①怎… Ⅱ. ①焦… Ⅲ. ①猪病－防治 Ⅳ. ① S858.28

中国版本图书馆 CIP 数据核字（2017）第 092650 号

策划编辑	乌日娜
责任编辑	乌日娜
装帧设计	中文天地
责任校对	焦　宁
责任印制	徐　飞

出　　版	中国科学技术出版社
发　　行	中国科学技术出版社发行部
地　　址	北京市海淀区中关村南大街16号
邮　　编	100081
发行电话	010-62173865
传　　真	010-62173081
网　　址	http://www.cspbooks.com.cn

开　　本	889mm × 1194mm　1/32
字　　数	166千字
印　　张	7
版　　次	2017年6月第1版
印　　次	2017年6月第1次印刷
印　　刷	北京威远印刷有限公司
书　　号	ISBN 978-7-5046-7501-9 / S · 637
定　　价	26.00元

本书编委会

主　编

焦福林

编著者

焦福林　韩一超　任克良

陈　泽　刘文俊　杨晋青

Preface 前言

我国是世界养猪大国，生猪年存栏数、出栏数和猪肉产量均居世界首位，养猪业已成为畜牧业的支柱产业，对农业经济发展、农村产业结构调整和农民收入增加发挥着巨大作用。近年来我国规模化猪场不断增多，养殖规模不断扩大，猪场猪群疫病防治难度加大、流行病复杂多样，老的疾病没有根除、新的疾病不断出现，猪病已成为制约我国养猪业发展的主要瓶颈之一。为了保证猪群健康，降低疫病风险，提高生产成绩，规模化猪场必须设置专职兽医预防和控制疾病的发生，以适应我国生猪产业健康持续发展的需要。

本书从基础和生产实践入手，参阅了大量的文献资料，内容主要包括兽医的基础知识、兽医日常操作技术、猪场消毒技术、猪群免疫技术、粪污和病死猪无害化处理技术、猪病诊疗技术、猪场常见病防治技术和猪场疾病统计登记制度。全书共分七章和附录，焦福林编写第一章、第二章、第三章、第四章、第五章和第六章，韩一超、任克良、陈泽、杨晋青编写第七章，任克良、焦福林、陈泽、杨晋青、刘文俊编写附录。本书通俗易懂，技术先进，适用于规模化猪场兽医、基层兽医和猪场技术人员。

由于我们水平有限，加之时间仓促，书中难免有错误和纰漏之处，敬请批评指正，以便进一步修改和完善。

编 著 者

前言

[illegible]

[illegible]

[illegible]

Contents 目录

第一章
兽医的基础知识

一、猪场兽医基本素质和职责

猪场兽医，是指在一个固定的猪场，对猪群进行疾病预防、诊断并治疗的医生。

（一）猪场兽医基本素质

①热爱本职工作，并具有敬业精神。猪场兽医必须热爱兽医，热爱养猪业，干一行，爱一行，具有高度的责任心和事业心，求真务实，时刻铭记要对猪场场主负责，对猪的健康负责，工作中认真踏实、兢兢业业、精益求精、恪尽职守。

②具有扎实的专业知识和技能。猪场兽医必须熟悉了解兽医学、畜牧学和与猪场运营相关的知识。熟练掌握临床检查、病理剖检等兽医操作基本技能，不断学习，与时俱进，要对疫病的发生、发展和流行具有超前性和预见性。

③具备分析和解决问题的能力。猪场尤其是规模猪场，疾病的发生，往往与许多因素有关，并有多种临床表现和病理变化，要善于观察，敏于思考，作为兽医要认真对待每一个病例，将兽医理论知识与生产实践有机地结合在一起，善于抓住主要矛盾，找出主要问题，做出正确的判断，采取有效措施，控制疾病的发生和流行。

④熟知国家相关的法律、法规并严格执行。按照国家有关规定

合理用药，不使用假劣兽药和农业部规定禁止使用的化合物，严格遵守国家有关休药期的规定，确保动物及食品卫生安全。

⑤健康的身体和心理。猪场兽医是一项既要动脑又要亲自动手的繁重的脑力和体力结合体。每日要对猪场各类猪群进行观察，对生活环境卫生进行检查，对病猪进行诊断治疗，对猪群进行预防接种等，每项工作都需要注意力高度集中，并应用所学知识，随时做出分析判断，指导生产，工作量非常大，只有有一个健康的体魄，才能胜任猪场兽医的工作。在对疾病分析判断的过程中，尤其是遇到特殊情况，往往会出现犹豫、紧张、害怕、慌乱、压抑和郁闷等问题，直接影响工作的开展，只有有一个健康的心理，及时从困境中走出，才能保证工作的顺利进行。

⑥不断提升自己。通过各种渠道及时了解本行业最新技术成果和管理水平，并加以消化、吸收，更新知识结构，刻苦学习，积极探索，不断提升自己的专业技术水平。

⑦具有团队精神和与人交流能力。猪场兽医是一个非常重要的角色，与猪场的饲养人员、技术人员、管理人员、门卫等各类人员全部要打交道，在做好本职工作的情况下，应具有良好的表达、沟通、协调和组织能力，要有团队意识，与猪场其他工作人员融合为一个整体，并充分发挥自己才能。

（二）猪场兽医基本职责

①预防疾病的发生，降低发病风险，对病猪进行治疗，确保猪群健康。明确猪场的目标，帮助猪场解决复杂的疾病、管理、环境及生产等问题，提供先进、经济和有效的疾病控制方案。

②负责起草和制定猪场合理的免疫程序。根据实验室检测的猪群血清抗体消长规律和当地疫病流行的实际情况，制定符合猪群健康的免疫程序，包括接种疫苗的种类、接种的方式、接种的次数、接种的时间、接种的剂量、接种的途径和接种的部位。

③负责起草和制定猪场合理的消毒规程。根据猪场生产的具体

情况和当地疫病流行情况，制定符合本场猪群健康的消毒规程，包括人员、车辆出入猪场生活区、生产区和隔离区的消毒规程，生活区、生产区和隔离区周围环境的消毒规程，猪舍的消毒规程，还包括消毒药的种类，使用剂量，消毒的方法和消毒的间隔时间。对于新引进的种猪制定隔离检疫措施，防止外来疫情的侵入。

④负责起草和制定猪场合理的驱虫方案。根据实验室检查和当地寄生虫病的流行情况，制定符合本场猪群健康的驱虫方案，包括驱虫药的种类、使用时间、使用剂量和方法。

⑤指导实施。猪场兽医在猪群免疫接种、消毒和驱虫过程中，全程监督、指导和参与，并将实施情况向主管场长汇报。

⑥监督检查。定期或不定期对猪群免疫接种后的抗体、消毒后的消毒效果和驱虫后的驱虫效果进行检查，有条件的在本场检查，否则送检。及时了解猪群的健康状况和环境卫生，并将检查结果及时向主管场长汇报，免疫程序、消毒规程和驱虫方案如需调整，提出调整方案。

⑦疾病诊断治疗。猪群发病后及时进行诊断、治疗，科学用药，寻找发病的原因，制定预防预案，并加以落实，避免类似情况再次发生。对于无治疗价值和死亡的猪只，负责进行无害化处理。

⑧日常管理。熟悉猪场生产每一环节，参与猪场的日常管理，协助畜牧技术人员制定猪群日粮配方，协助管理人员制定饲养管理制度；每日对猪群进行健康检查，对猪舍温度、湿度、通风、空气和卫生状况进行检查；定期检查各种用具和猪场环境的卫生，检查粪污处理情况，发现问题及时提出合理化建议与处理措施。

⑨饲料和饮用水质量检查。饲料的检查从原料开始直到成品逐一检查，重点检查有无霉变、异味和违禁药品的添加，定期对饮用水的细菌、重金属含量进行检查。发现问题及时汇报，并提出处理意见。

⑩药品的采购、管理。对所需采购的疫苗、药品和添加剂等提出合理化建议，建立疫苗、药品的保管、领用、使用档案，检查

疫苗、药品的存放环境、库存量及有效期，发现问题及时反映、解决。随时了解疫苗、药品市场动态，严禁购买、使用违禁药品和添加剂。

⑪记录完整的工作日记。对每日检查的猪群健康状况、环境卫生状况、饲料质量、各类猪群的免疫、保健、治疗等情况进行详细的记录，并进行汇总分析，做到查漏补缺，消除疾病潜在的诱发因素。

⑫人员培训。对猪场的饲养人员、技术人员和负责人进行猪病的危害、猪病防治的重要性、猪病防治的难点和猪病防治技术的培训。

⑬及时掌握猪病流行的最新动态。从报纸、杂志、电视和互联网等多种渠道及时了解、掌握猪病流行的最新动态，及早制定预防预案。

⑭及时掌握最新猪病防治技术。通过各种渠道努力学习，提升自己的理论水平，掌握猪病防治最新技术，并将新的技术应用到实践中。

⑮猪场兽医只对本猪场的猪群健康负责，不得开展对外兽医诊疗活动，防止带入疫病。

⑯帮助猪场解决复杂的疾病、管理、环境及生产的问题，提供先进的、经济的和有效的疾病控制方案。

二、兽医实验室的建设、管理

（一）猪场兽医实验室的建设

猪场兽医实验室是为满足本场猪群疫病防控工作需要而设置的，加强其建设是提高猪群疫病防疫体系应急能力的重点。

1. 兽医实验室功能 一是提供本场猪群疫病基础信息，为猪场管理层决策提供参考；二是提供诊断监测数据，为采取疫病防控

措施提供依据。

2. 兽医实验室所承担的任务　病死猪剖检，细菌分离、培养、鉴定，药敏试验，抗体监测，分子生物学诊断，环境卫生监测和制备常规生物制品。通过对实验室的各种检测结果和周边疫情信息的分析评估，制定猪场的疫情紧急预案，确保猪场的生物安全。

3. 选址　猪场兽医实验室选址应充分考虑其功能与生物安全，应在生产区的下风方向。远离屠宰场、农贸市场，利于阻止疫病传播；交通方便，便于与外界沟通；水、电便利。

4. 兽医实验室布局　各个猪场兽医实验室布局根据需要决定，兽医实验室分为：办公室、解剖室和实验操作室，实验操作室根据不同的功能分为细菌操作间、聚合酶链式反应（PCR）操作间、血清操作间、无菌室操作间。实验室需要水、电设施齐全，安装有上下水，通风，防潮，并根据工作需要配备合适的工作台、仪器、设备。有实验室污水、污物处理设施和病死猪解剖后无害化处理池。

解剖室面积应不小于 10 米^2，需配备解剖台、解剖器械、冰箱等；实验操作室有条件的分成独立的单间，每个单间根据试验需要配备合适的工作台、仪器、设备。如没有条件独立成间的，兽医实验室（万头以上规模场面积不少于 50 米^2）尽量按照作业流程来设计，分为净区、污染区，干燥区、洗涤区，设备操作区，无菌区。

5. 兽医实验室需配置设备　兽医实验室根据各自需要配备合适的仪器和设备，如洗手台、药柜，医疗器械柜、紫外灭菌灯、空调、无菌操作台、冷藏箱、生化培养箱、恒温培养箱、显微镜、生物安全柜、水浴锅、微量移液器、涡旋振荡仪、高速冷冻离心机、掌上离心机、普通离心机、PCR 仪、电泳仪、凝胶成像系统、酶标仪、离心机、天平、压瓶器、过滤设备、电子计算机、冰箱、注射器销毁器、应急灯和备用（UPS）电源等。

6. 兽医实验室需要配置试剂　兽医实验室根据具体开展的实验项目配置相应的试剂，如营养琼脂、麦糠凯琼脂、SS 琼脂、蛋白胨、牛肉蛋白胨、牛肉膏粉、单质碘、碘化钾、无水酒精、细菌染色试剂和氯化钠、磷酸盐、甲醛、乙酸等无机、有机试剂等。抗体检测需相应的试剂盒及药品。

7. 兽医实验室试验耗材 兽医实验室试验耗材，包括一次性注射器、橡胶手套、微量离心管、手术剪、镊子、酒精、脱脂棉、离心管架、试管架、酒精灯、接种环、微量离心管、移液头、移液头（盒、架）、试管、三角烧瓶、烧杯、量筒、广口瓶、试管架、培养皿、平板、纱布、带玻塞的玻瓶、采样袋、记号笔、标签、消毒药、防护服、一次性尸体处理袋等。

（二）兽医实验室的管理

①兽医实验室要专人管理，并熟悉各种仪器设备的操作。

②实验室要保持卫生整洁，仪器、台面、桌面、地面清洁无尘土。

③新购入的仪器设备要安装、调试，合格后登记造册。

④各种仪器设备的摆放要符合规定要求，不得乱放。

⑤定期检查实验药品试剂，发现短缺或过期要及时通知负责人，并进行购买。

⑥新购入各种试剂验收后登记造册；建立试剂的出入库登记制度。

⑦实验试剂严格按照要求进行保存。

⑧实验室操作人员进、出实验室要遵守严格的消毒制度，进入实验室要更衣，并且严禁将实验室的工作衣穿出室外。严禁无关人员入内。

⑨实验操作人员要穿好工作服，戴好口罩、手套，避免交叉污染，保证实验操作人员安全和试验结果的准确。

⑩按照实验要求提前准备实验仪器设备和实验药品试剂。

⑪实验室内严禁吸烟、饮食、吐痰和乱扔纸屑。严禁存放与工作无关的任何物品。

⑫各种仪器设备的操作一定要严格按照说明进行，并且严格按

照要求进行保管存放，使用中一旦发生故障，立即停用，向领导汇报，维修。

⑬实验完成以后，及时清理场地、设备、仪器，保证仪器设备、工作台及其场地的整洁，疑似污染的要进行消毒。

⑭实验中发生的垃圾要及时清理，疑似污染的要做无害化处理。

⑮离开实验室必须将电源断开（除不能断电的冰箱等）、水龙头关闭、门锁好、窗户关好。

⑯实验室每周消毒 1 次，无菌室每天消毒 1 次。

⑰认真做好仪器和试验试剂的使用记录。保存好实验记录，并进行归类管理。

三、药物的购买、保管、使用

猪场所用的兽药包括治疗性药物、疫苗、预防性药物、添加剂等。

（一）兽药的购买

①兽药的购买需指定专人负责。

②兽药的购买必须按照场内兽医专业人员开具的计划进行购买。计划购买的兽药应符合《中华人民共和国兽药典》《中华人民共和国兽药规范》《兽药质量标准》《兽用生物制品质量标准》《进口兽药质量标准》等的相关规定。

③购买的兽药必须来自通过 GMP 认证的企业，并有《兽药生产许可证》和产品批准文号，或者具有《进口兽药许可证》的供应商。

④购买的兽药其包装上必须贴有标签，注明“兽用”字样并附有说明书，标签或说明书必须注明商标、兽药名称、主要成分、含量、规格、作用、用途、用法、用量、有效期和注意事项，产品批号和批准文号，生产厂家名称、地址等。

⑤严禁购买国家规定的禁止使用和添加的违禁药品和添加剂等。

（二）兽药的保管

①兽药买回后，根据发票清单进行清点入库，登记造册，包括兽药名称、生产厂家、购入日期、有效期、包装规格等。

②整箱药品存放，严格按照外包装的图示说明存放，不可倒置，怕压的药品不可堆放的太高，并定期翻垛。垛与垛之间的距离不小于100厘米，距墙壁、墙柱、屋顶、暖气片、暖气散热管道的距离不得小于30厘米，距地面10厘米高处铺设木板等隔潮板。

③药品应按品种、规格、剂型、用途或储存要求分类存放。需要特殊管理药品应专柜存放。

④一次没有用完的药品，剩余部分最好放在原包装里，如没有原包装的应在新包装上标明药品名、存放日期、有效期和用法用量等相关信息，并根据说明密闭或密封存放。

⑤定期检查储存的药品，一是检查有效期，对于有效期临近的药品应记录库存量，及时与兽医主管联系，在不影响疗效的情况下尽早使用。二是检查质量，对质量有疑问及储存时间长的药品应及时报告兽医主管。对需要报废、销毁的药品做好记录。

⑥药物储存场所的设施、设备要进行定期和随机检查，发现问题立即汇报，尽快处理。

（三）兽药的领取发放

①兽药的领取需按照兽医开具的诊断处方登记造册，包括领用时间、兽药名称、数量、包装、规格、生产厂家等，并让领取人签字。

②兽药的发放按照购进的时间和有效期决定，没有规定有效期的按照先进先出的原则执行，规定有效期的先发放靠近失效期的。

③严禁发放过期、破损、变质的药品。

（四）兽药的使用

①禁止使用未经农业部批准或已经淘汰或成分不明的兽药。

②兽药的使用必须由兽医或在兽医专业人员的指导下严格按照药品所规定的用法、用量执行。

③要掌握药物的联合用药，配伍禁忌。

④根据病程的急缓、严重程度来选择口服、肌内注射、静脉注射等给药途径。

⑤严格执行休药期。

⑥用药之后的所有包装进行无害化处理。尤其是免疫后的疫苗包装不能乱丢乱扔，以免造成污染。

⑦做好用药记录。用药之后要做好详细记录，如治疗用药，包括猪舍号、猪栏号、猪耳号、猪群发病时间、诊断情况、所用药物名称、剂量、疗程、给药途径、给药时间、治疗结果等；疫苗免疫记录，包括猪舍号、猪栏号、所用疫苗名称、接种剂量、接种途径、接种时间、有无副反应等；添加剂使用记录，包括猪舍号、猪栏号、所用添加剂名称、添加剂量、添加途径、添加时间、有无副反应等。

第二章

猪场兽医必备基础知识

一、猪的生理结构

猪的内脏结构见图 2–1，图 2–2。

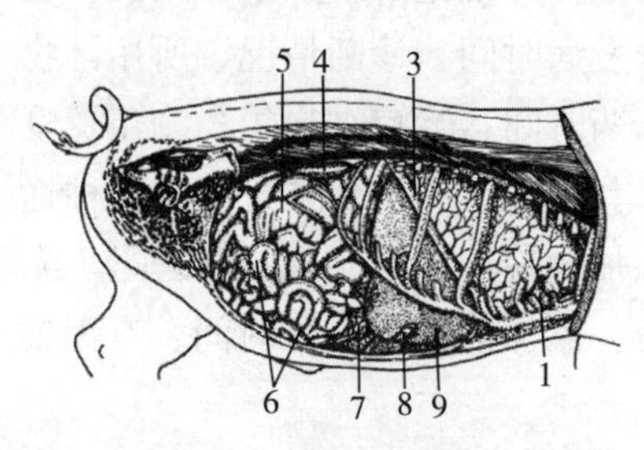

图 2–1　内脏（左侧）

（董长生、沈萍）

1. 心脏　2. 肺　3. 膈　4. 右肾　5. 结肠　6. 空肠　7. 大网膜　8. 胆囊　9. 肝脏

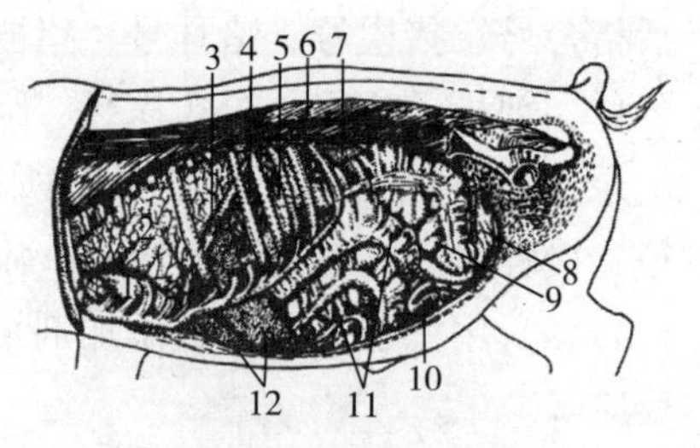

图 2–2　内脏（右侧）

（董长生、沈萍）

1. 心脏　2. 肺　3. 膈　4. 大网膜　5. 脾脏　6. 胰脏　7. 左肾　8. 膀胱　9. 盲肠　10. 空肠　11. 结肠　12. 肝脏

（一）消化系统

消化系统包括消化管和消化腺两部分。消化管包括口腔、咽、食管、胃、肠道（小肠、大肠）和肛门。消化腺包括唾液腺、肝、胰腺、胃腺和肠腺。其中胃腺和肠腺位于胃壁和肠壁内，称为壁内腺；而唾液腺、肝和胰腺则在消化管外形成独立的器官，称为壁外腺。

1. 消 化 管

（1）**口腔**　口腔为消化管的起始部，分为口腔前庭和固有口腔。口腔前庭是由唇、颊和齿构成的空隙；固有口腔是指齿弓以内的部分，顶壁为硬腭；底为下颌骨和舌，舌在口腔内。口腔内面衬有黏膜，常常有色素。黏膜在唇缘处转为皮肤。

（2）**咽**　咽位于口腔和鼻腔的后方、喉的前上方，分喉咽部、鼻咽部和口咽部。在喉口以前的部分被软腭分为背侧部和腹侧都。

（3）**食管**　猪食管是一条由肌肉组成的通道，连接咽喉到胃。

（4）**胃**　猪胃属于单胃，位于腹腔内季肋部和剑状软骨部，为消化管的膨大部分，扁平而弯曲成“U”形的囊状（图 2–3）。

（5）**肠**　肠分小肠和大肠两部分，由十二指肠开始到肛门（图 2–4）。

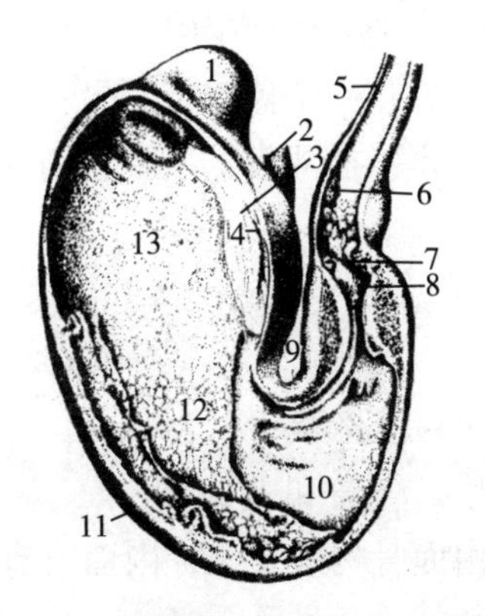

图 2–3　胃黏膜（董长生、沈萍）

1. 胃憩室　2. 食管　3. 无腺部　4. 喷门
5. 十二指肠　6. 十二指肠憩室　7. 幽门
8. 幽门圆枕　9. 胃小弯　10. 幽门腺区
11. 胃大弯　12. 胃底腺区　13. 喷门腺区

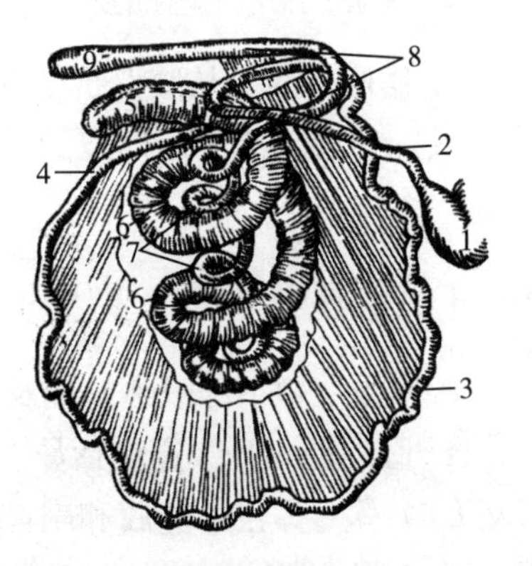

图 2–4　肠模型（董长生、沈萍）

1. 胃　2. 十二指肠　3. 空肠　4. 回肠
5. 盲肠　6. 结肠圆锥向心回
7. 结肠圆锥离心回　8. 结肠终袢　9. 直肠

2. 消 化 腺

（1）**肝脏**　猪肝脏位于季肋部和剑状软骨部，大部分在腹腔中线的右侧，左侧缘与第九肋间隙或第十肋骨相对；右侧缘与最后肋

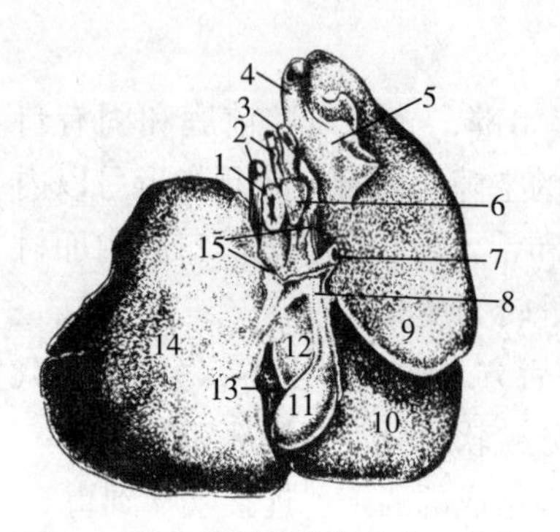

图2–5　猪肝脏脏面（董长生、沈萍）
1. 食管　2. 肝动脉　3. 门静脉　4. 后腔静脉　5. 尾叶　6. 肝门淋巴结　7. 胆管　8. 胆囊管　9. 右外叶　10. 右内叶　11. 胆囊　12. 方叶　13. 左内叶　14. 左外叶　15. 小网膜附着线

间隙的上部相对；腹侧缘伸达剑状软骨之后3～5厘米。猪的肝脏发达（图2–5）。

（2）**胰脏**　胰脏位于最后两个胸椎和前两个腰椎的腹侧，略呈三角形、呈灰黄色，分胰头和左、右两叶。

（3）**唾液腺**　唾液腺包括腮腺、颌下腺和舌下腺三对大腺体以及唇腺、颊腺和舌腺，具有分泌唾液的功能。猪的腮腺很发达，呈三角形，色较淡，在耳根下方、下颌骨后缘的脂肪内。

3. 腹膜　腹膜从腹壁折转到器官，或从一个器官折到另一个器官，其间往往形成不同形式的皱襞。腹膜包括网膜、系膜、韧带和皱襞。

（二）呼吸系统

呼吸系统包括呼吸道、肺及胸膜和胸膜腔等。

1. 呼吸道　呼吸道包括鼻、咽、喉、气管和支气管。

（1）**鼻**　鼻包括鼻腔和副鼻窦。由面骨构成支架，内面衬有黏膜，也是嗅觉器官。

（2）**咽**　见消化道。

（3）**喉**　猪的喉较长，声门裂较窄，位于下颌间隙的后方，头颈交界的腹侧，悬于舌骨两大角之间，前端与咽相通，后端与气管相接。喉由喉肌、喉软骨和喉黏膜构成。

（4）**气管和支气管**

①气管　猪的气管呈圆柱状，由一连串有缺口的软骨环组成，借弹性纤维膜连在一起构成支架。软骨环的缺口朝向背侧，软骨环

游离的两端重叠或互相接触。

②支气管　猪有3条支气管，分为左1条和右2条。支气管由肺门进入肺后，反复分支形成支气管树，其管径至1毫米时称为细支气管。细支气管再反复分支，管径为0.3～0.5毫米时，称为终末细支气管。终末细支气管继续分支后，管壁出现肺泡，开始有呼吸功能，称为呼吸细支气管。呼吸细支气管再分支，称为肺泡管。管壁更薄，同时出现较多的肺泡。肺泡管分出肺泡囊。肺泡囊为肺泡所构成。

2. 肺脏　肺位于胸腔内，呈粉红色，质轻而软，富有弹性。分左、右肺，右肺通常比左肺大。右肺分4叶，尖叶、心叶、膈叶和内侧的副叶；左肺分3叶，由前向后顺次为尖叶、心叶、膈叶，都具有3个面和3个缘（图2–6）。

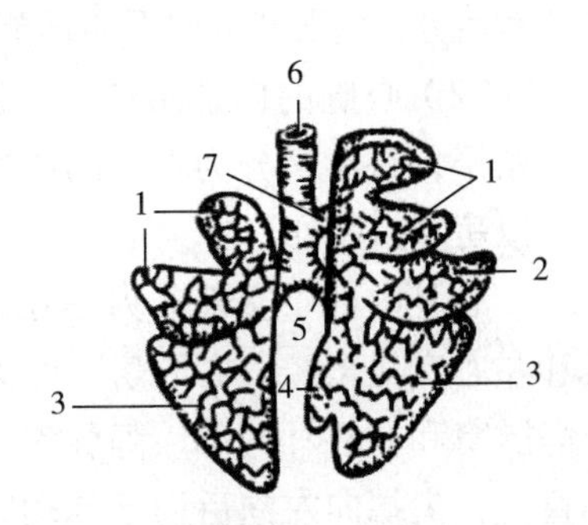

图2–6　肺脏模型（董长生、沈萍）

1. 前叶　2. 中叶　3. 后叶　4. 副叶　5. 主支气管　6. 气管　7. 气管支气管

3. 胸膜　胸膜是覆盖在肺表面、胸廓内面、膈上面及纵隔侧面的一薄层浆膜，可分为脏胸膜与壁胸膜两部。

4. 胸膜腔　胸膜腔是胸膜的脏壁两层在肺根处相互转折移行所形成的一个密闭的潜在的腔隙，由紧贴于肺表面的胸膜脏层和紧贴于胸廓内壁的胸膜壁层所构成。

（三）心血管系统

1. 心　脏

（1）心脏的位置和形态

①心脏的位置　心脏位于胸腔内，夹于左、右两肺之间，略偏左，相当于第3～6肋骨之间。

②心脏的形态　心呈倒圆锥形，为中空的肌质器官，上部大下部小。上部为心基，位置较固定，有进、出心的大血管，包括主动

脉、肺动脉、上腔静脉和肺静脉；下部为心尖，是游离的。心的前缘呈凸向前下方的弧形，大致与胸骨平行。后缘直而短。心的表面有 1 条冠状沟和左、右 2 条纵沟。冠状沟，为环绕心的环状沟，相当于心房和心室的分界，上部为心房，下部为心室。左纵沟位于心的左前方，由冠状沟向下伸延，几乎与心的后缘平行。右纵沟位于心的右后方，由冠状沟向下伸延至心尖。两纵沟相当于两心室的分界。

（2）**心脏的内部结构**　心腔以纵走的房中隔和室中隔分为左、右两半，每半又分为上部的心房和下部的心室。同侧的心房和心室各以房室口相通。

心脏内部中空部分为心腔，心腔共有右心房、右心室、左心房和左心室 4 个腔。右心房，腔大，壁薄，占据心基的右前部，包括静脉窦和右心耳两部。静脉窦为静脉的入口部；右心耳呈圆锥形的盲囊，尖端向左向后而至肺动脉前方，内面有梳状肌。右心房与右心室一个出口，即右房室口。右心室位于心室的右前部，其入口为右房室口，口周围有纤维环，纤维环上附着有 3 片三角形的瓣膜，称为三尖瓣；出口为右心室的血液入肺动脉的肺动脉口，口周围有纤维环位于附着有三片半月形的瓣膜，称为半月瓣。左心房占据心基的左后部，其背侧壁上有 6～8 个肺静脉的入口；左心房向左向前而到肺动脉后方的圆锥形盲囊，为左心耳，其内壁也有梳状肌；位于左心房的下部有通左心室的出口为左房室口。左心室位于左心房的下方、心的左后部，心尖完全属于左心室。左心室的入口为左房室口，口周围有纤维环，附着有 2 片强大的瓣膜，称为二尖瓣；出口为主动脉口，口周围有纤维环，附着有 3 片半月瓣。

（3）**心壁**　心壁由心外膜，心肌和心内膜三层构成。心外膜为表面光滑、湿润的浆膜，贴于心肌外面。心肌为由特殊的肌肉组织构成的，心肌以房室口的纤维环分隔为两个独立的肌系，即心房肌和心室肌，心肌的厚度各房室不一，心房肌较薄，心室肌较厚，左心室肌最厚。心内膜薄而光滑，紧贴于心腔内面，并与血管的内膜相连续。

（4）**心瓣膜**　心瓣膜是含有结缔组织的心内膜褶。

（5）**心包**　心包为包围心的浆膜囊，分脏层和壁层。脏层紧贴于心的外面，构成心外膜。脏层在心基部折转移行而为壁层。脏层和壁层之间的腔隙，称为心包腔，内有少量浆液（即心包液），起润滑作用，心的大部分即游离于心包腔内。心包壁的外面有强韧的纤维膜。纤维膜的外面被覆有纵隔胸膜（即心包胸膜），通常所说的心包就是由这3层构成的。纤维膜的上缘附着于心基的大血管上，下端折转到胸骨内面，构成胸骨心包韧带。

（6）**血液在心腔内的通路**　心房肌和心室肌是完全独立的两个肌系，能进行有节律地交替收缩和舒张。心房收缩时心室舒张，心房内的血液推开三尖瓣和二尖瓣，经房室口而进入舒张的两心室；心室收缩时心房舒张，心室内的血液压迫三尖瓣和二尖瓣，关闭房室口，推开半月瓣，于是左、右心室内的血液分别进入主动脉和肺动脉；在同时，心房舒张，房腔扩大，压力下降，前、后腔静脉的血液流入右心房，肺静脉的血液流入左心房从而不断将血液引入和压出。由于心房和心室这种交替的收缩和舒张，使血液在心血管系统中按一定方向循环不止。

2. 血管系统　血管是输送血液的管道，根据血管的结构和机能的不同，可分为动脉、静脉和毛细血管3种。动脉管壁厚而有弹性，离心愈近则管腔愈粗，管壁愈厚，弹性愈大，血压愈高；离心愈远，则相反。静脉的内壁常有成对呈袋状的游离缘向心方向的静脉瓣，由内膜折叠形成，具有防止血液逆流的作用；毛细血管为动脉和静脉间的微细血管，短而密，互相吻合成网，管壁很薄，仅由一层内皮细胞构成，借助于渗透和扩散作用，在血液和组织间交换物质，是心血管系统执行功能的重要部位。

（1）**心血管系统**　心脏的血管为供给心脏本身血液的血管，包括冠状动脉，心静脉。冠状动脉为左、右冠状动脉，分别由主动脉根部发出，行于冠状沟和左、右纵沟内，分支分布于心房和心室，在心肌内形成丰富的动脉网。心静脉包括心大静脉、心中静脉和心小静脉；心大静脉和心中静脉，伴随两冠状动脉行于纵沟和冠状沟内，最后注入右心房的冠状窦。还有数支心小静脉，在冠状沟附近直接开口于右心房。

（2）肺循环血管系统 肺循环的血管包括肺动脉、肺静脉和毛细血管。肺动脉为将含二氧化碳的静脉血由心运送到肺，在肺内伴随支气管反复分支，在肺泡上形成毛细血管网。并借助于扩散作用，将血液的二氧化碳转到肺泡，肺泡中的氧转到血液，变成含氧较多的动脉血，汇集成肺静脉，由肺回心。

①肺动脉 起于右心室的肺动脉口，经主动脉的左侧面斜向后上方，在心基的后上方分为左、右两支，分别与左、右支气管一起经肺门入肺。

②肺静脉 由肺的毛细血管陆续汇集而成，由肺门出肺，有6～7条，注入于左心房。

（3）体循环血管系统 体循环的血管包括动脉、毛细血管和静脉。动脉是将含营养物质和氧较多的动脉血，由心运送到猪体全身各部和各器官，通过反复分支最后形成的毛细血管网，借助于渗透和扩散作用，将血液中的营养物质和氧转到各器官，将器官中的代谢产物和二氧化碳转到血液，变成静脉血，由小静脉汇入大静脉，最后经腔静脉回心。

①主动脉 为体循环的动脉主干，起始于左心室的主动脉口，向上向后呈弓状伸延至第六胸椎的下面，这一段称为主动脉弓。继续向后伸延，称为胸主动脉。胸主动脉穿过膈的主动脉裂孔至腹腔，称为腹主动脉。腹主动脉在腹腔内分出一些壁支（到腰腹部的肌肉和皮肤）和脏支（到腹腔内脏器官）后，在第5～6腰椎处，分为左、右髂外动脉和左、右髂内动脉。髂外动脉主要分布于两后肢；髂内动脉分布于骨盆部。

②主动脉弓 在根部除发出左、右冠状动脉分布于心外，还分出1条大的臂头动脉总干。臂头动脉总干短而粗，在气管和前腔静脉之间向前向上伸延，在离胸前口不远处，分出左锁骨下动脉后，

主干延续为臂头动脉。臂头动脉短而粗，在气管的下面向前伸延，在第一肋骨处分出双颈动脉干，其主干延续为右锁骨下动脉。双颈动脉干沿气管的下面向前伸延，在胸前分为左、右颈总动脉，分布于头颈部。左、右锁骨下动脉的主干延续为左、右腋动脉，分布于左、右两前肢。

③体循环的静脉　除心静脉外，均集合成前腔静脉、后腔静脉和奇静脉，注入于右心房。前腔静脉在胸前口处，由左、右颈静脉和左、右腋静脉汇合而成，接受头颈部、前肢和部分胸背部的血液。后腔静脉在骨盆入口处，由左、右髂总静脉汇合而成，沿腹主动脉的右侧向前仰延，穿过膈的腔静脉孔至胸腔，在右肺的心膈叶和副叶之间通过，注入于右心房，它接受骨盆部、后肢和腰腹部的血液。奇静脉接受一部分胸壁和食管及支气管的血液。

（四）淋巴系统

淋巴系统由两大部分组成，包括由淋巴管组成的管道系统和淋巴器官。

1. 淋巴管　淋巴管可分为毛细淋巴管、淋巴管、淋巴干和淋巴导管。它最后开口于静脉，将组织液还流于血液。

2. 淋巴器官　淋巴器管包括脾、淋巴结、胸腺和扁桃体。

（1）脾　猪脾是体内最大的淋巴器官，位于腹部胃的左侧。脾狭长，上端宽，下端窄，分脾头、脾体和脾尾，较软，表面颜色呈带褐色的紫红色，被膜薄，表面不平；长轴几乎呈背腹方向，弯曲度和胃大弯一致，脏面有一长嵴，为脾门所在处，把脾的脏面几乎平分为胃区和肠区，各与胃、肠相邻，前方为胃，后方为左肾，内方为胰左叶；切面白髓最明显，而脾小梁不明显。

（2）淋巴结　淋巴结是淋巴管经路上的膨大部分，实质是由淋巴组织构成，属于单核吞噬细胞系统，被膜和小梁是由结缔组织构成，在活体中呈粉红色或微红褐色，在尸体中呈灰白色，并略带黄色，无血色（图 2–7）。

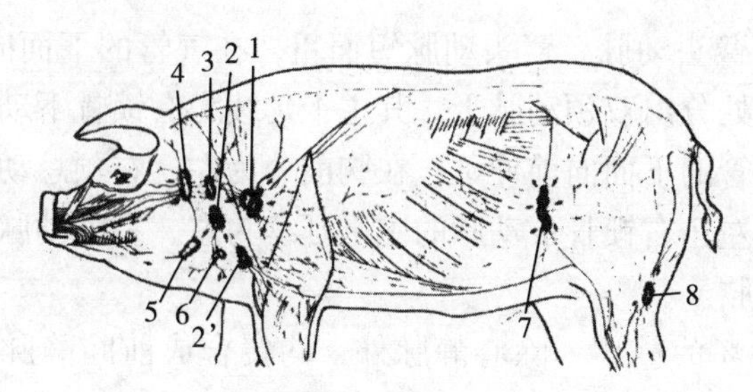

图 2–7　主要浅表淋巴结（董长生、沈萍）

1. 颈浅背侧淋巴结　2. 颈浅腹侧淋巴结 2'. 颈浅腹侧中淋巴结　3. 咽后外侧淋巴结　4. 腮腺淋巴结　5. 下颌淋巴结　6. 下颌副淋巴结　7. 髂淋巴结　8. 腘淋巴结

（3）扁桃体　猪的扁桃体在咽峡和鼻咽部，软腭下面的腭扁桃体最发达。呈卵圆形隆起，表面有很多清晰的隐窝。

（4）胸腺　分颈部胸腺和胸部胸腺。颈部胸腺在性成熟以后，后段先退化，1 岁以后，胸腺逐渐退化完毕。

（五）泌尿系统

泌尿系统包括肾脏、输尿管、膀胱和尿道。

1. 肾脏　猪肾脏位于前 4 个腰椎横突的腹侧，腹主动脉和后腔静脉两侧。是成对的实质性器官，左右各一，左、右肾均为上下面扁平的长椭圆形，位置几乎对称，肾的表面有一层白色薄而坚韧的纤维膜形成纤维囊，又称肾包膜，容易剥离（图 2–8）。

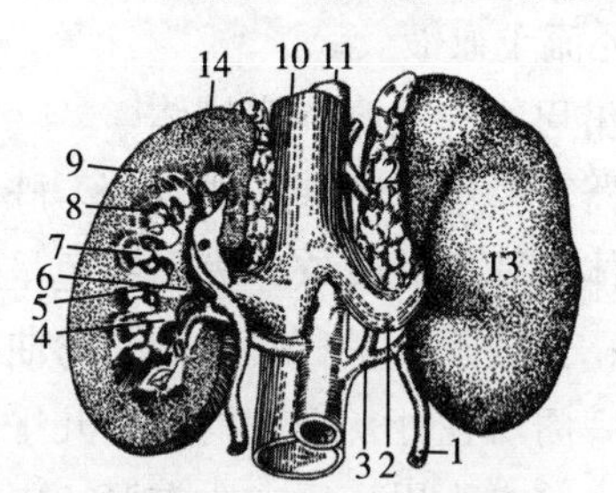

图 2–8　肾脏（腹侧面，右肾切开）
（董长生、沈萍）

1. 右输尿管　2. 肾静脉　3. 肾动脉　4. 肾大盏　5. 肾小盏　6. 肾盂　7. 肾乳头　8. 髓质　9. 皮质　10. 后腔静脉　11. 腹主动脉　12. 肾上腺　13. 左肾　14. 右肾

2. 输尿管　输尿管起始于肾盂，出肾门后，沿腹顶壁向后伸延，左、右各 1 条。

3. 膀胱　膀胱是暂时贮存尿液的器官，一般位于骨盆腔前部，充满尿液时，膀胱下垂于腹腔，膀胱

颈的位置较为固定，胎儿时期或初生仔猪，膀胱主要位于腹腔。

4. 尿道　尿道是膀胱中尿液向外排出的通道，从尿道内口接膀胱颈，以尿道外口通外界。母猪的尿道很短，起自尿道内口，向后开口于尿生殖前庭的腹侧面、阴瓣的后方。公猪的尿道长，也是排精通道，故称尿生殖道。一部分位于骨盆腔内，称为尿道骨盆部；另一部分经坐骨弓转到阴茎的腹侧，终止于阴茎头，称为尿生殖道阴茎部。

（六）生殖系统

1. 公猪生殖系统　公猪生殖系统由睾丸、附睾、输精管、尿生殖道、阴茎、包皮和阴囊及副性腺等组成。副性腺包括精囊腺、前列腺和尿道球腺（图 2–9）。

2. 母猪生殖系统　母猪生殖系统包括卵巢、输卵管、子宫、阴道、尿生殖前庭、阴门和阴蒂等组成（图 2–10）。

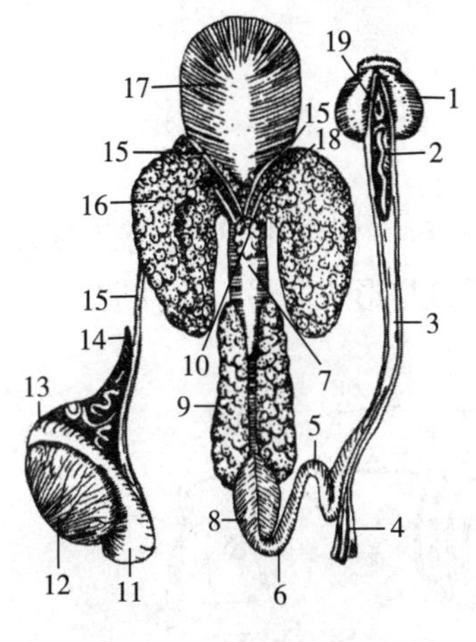

图 2–9　公猪生殖器官

（董长生、沈萍）

1. 包皮憩室　2. 阴茎头　3. 阴茎
4. 阴茎缩肌　5. 阴茎“乙”状弯曲
6. 阴茎根　7. 尿生殖道盆部
8. 球海绵体肌　9. 尿道球腺　10. 前列腺
11. 附睾尾　12. 睾丸　13. 附睾头
14. 精索的血管　15. 输精管
16. 精囊腺　17. 膀胱
18. 精囊腺的排出管　19. 包皮憩室入口

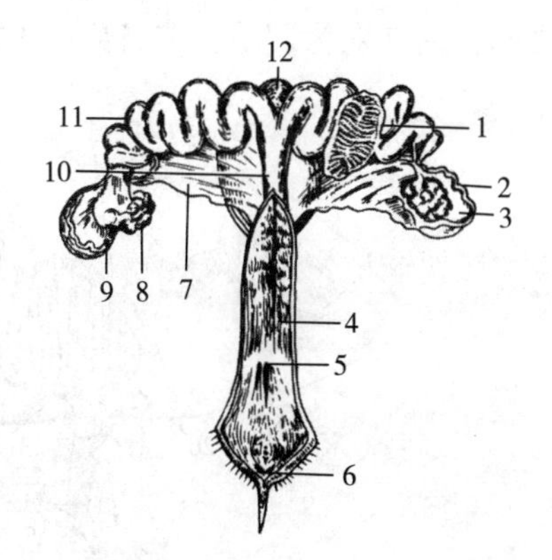

图 2–10　母猪生殖器官（背侧面）

（董长生、沈萍）

1. 子宫黏膜　2. 输卵管　3. 卵巢囊
4. 阴道黏膜　5. 尿道外口　6. 阴蒂
7. 子宫阔韧带　8. 卵巢　9. 输卵管腹腔口
10. 子宫体　11. 子宫角　12. 膀胱

（七）被皮系统

被皮系统包括皮肤及皮肤衍生物。

1. 皮肤 皮肤覆盖在动物体表，具有保护深层组织、调节体温、排泄废物及感受外界刺激等作用。由表皮、真皮、皮下组织构成。

2. 皮肤的衍生物 皮肤衍生物包括毛、蹄和皮肤腺等，是由皮肤衍生而成的特殊器官。

（八）骨骼与关节

猪全身骨按部位分为躯干骨、头骨和四肢骨（图 2–11）。

1. 躯干骨及其连结

（1）躯干骨 包括脊柱、肋和胸骨。

①脊柱 猪的脊柱由 51～58 枚椎骨组成。颈椎、胸椎、腰椎、荐椎和尾椎。

②肋 猪有肋 14～15 对，有时 16 对，偶见 17 对。前 7 对为真肋，后 7 对为假肋，有时最后 1 对不参与形成肋弓，称浮肋。

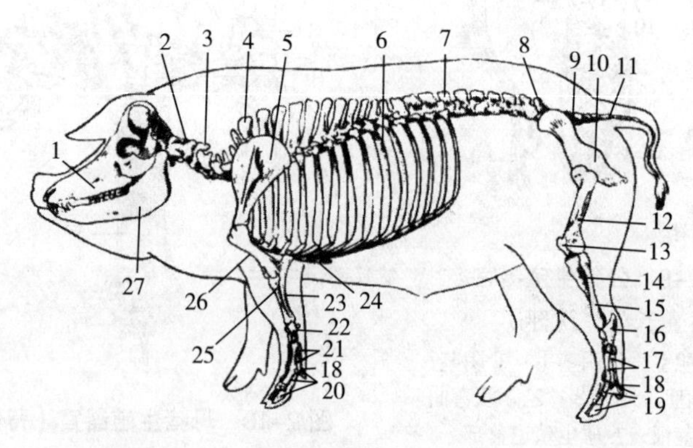

图 2–11 猪的全身骨骼（董长生、沈萍）

1. 上颌骨 2. 寰椎 3. 枢椎 4. 第一胸椎 5. 肩胛骨 6. 肋 7. 第十五胸椎 8. 腰椎 9. 荐骨 10. 髋骨 11. 尾椎 12. 股骨 13. 髌骨 14. 胫骨 15. 腓骨 16. 跗骨 17. 跖骨 18. 籽骨 19. 趾骨 20. 指骨 21. 掌骨 22. 腕骨 23. 尺骨 24. 胸骨 25. 桡骨 26. 肱骨 27. 下颌骨

③胸骨　由6个胸骨片组成。胸骨柄明显突出，呈左右压扁状态，前端有柄软骨，后端为剑状软骨。

胸椎、肋和胸骨围成胸廓，猪的胸廓呈斜底长扁圆锥形。胸廓前口呈尖顶向下的等腰三角形，后口宽大，呈斜椭圆形。

（2）躯干骨的联结　躯干的连接分为脊柱连接、椎弓连接、脊柱总韧带及环枕和环枢关节。猪项韧带不发达，由含弹性组织的棘间韧带替代，位于第2～7颈椎的各棘突间。寰枕关节的两个关节囊，成年时彼此相通，并通常向后和寰枢关节囊相通。第2～4肋骨和肋软骨之间，有的第五肋骨和肋软骨之间，为可动关节。

2. 头骨及其联结

（1）猪头骨　分颅骨和面骨。颅骨主要形成颅腔，容纳和保护脑；面骨形成口腔、鼻腔和眼眶的支架（图2–12）。

（2）头骨间的联结　头骨大部分为不动连接，多借缝、软骨或骨直接连接。

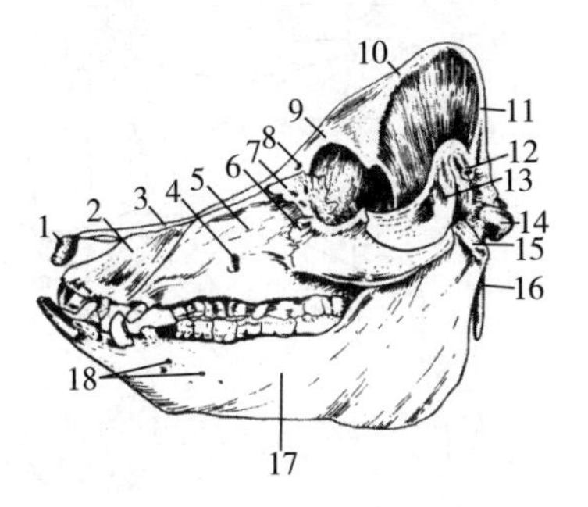

图2–12　猪的头骨（侧面）

（董长生、沈萍）

1. 吻骨　2. 切齿骨　3. 鼻骨　4. 眶下孔　5. 上颌骨　6. 颧骨　7. 泪骨　8. 眶上孔　9. 额骨　10. 顶骨　11. 枕骨　12. 外耳道　13. 颞骨颧突　14. 枕髁　15. 下颌髁　16. 颈静脉突　17. 下颌骨　18. 颏孔

3. 前肢骨及其联结　见图2–13。

（1）前肢骨　包括肩胛骨、肱骨、前臂骨、腕骨、掌骨、指骨和籽骨。

①肩胛骨　短而宽，呈倒置的三角形。肩胛冈呈三角形，中部弯向后方，有宽大的冈结节。肩峰不明显。

②肱骨　近端外侧的大结节被节间切迹分为前离后低的两部。三角肌粗隆不明显。内侧无大圆肌粗隆，仅见一粗糙面。

③前臂骨　桡骨粗短，位于前内侧。尺骨发达，比桡骨长，位于后外侧，尺骨近端粗大并形成特别长的鹰嘴。桡骨和尺骨间以骨

间韧带联结着。

④前脚骨 腕骨、掌骨、指骨和籽骨。

（2）前肢骨的联结 肩胛骨借助肩带肌与躯干连接，其自上而下形成肩关节、肘关节、腕关节和指关节。各相邻掌骨之间有关节，并有韧带相连。猪有发育完全的四个指，每一指的指关节都包括系关节、冠关节和蹄关节。两主指之间有指间近韧带和指间远韧带相连，内、外侧悬指借助于特殊的韧带与相应的主指相连。

4. 后肢骨及其联结 见图 2–14。

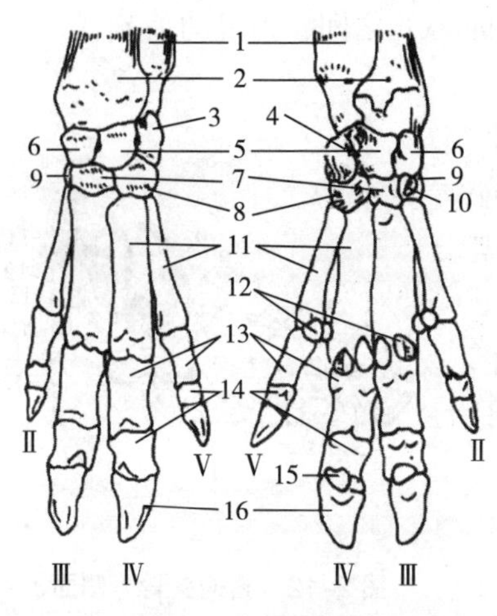

图 2–13 前脚骨

1. 尺骨 2. 桡骨 3. 尺腕骨 4. 副腕骨 5. 中间腕骨 6. 桡腕骨 7. 第三腕骨 8. 第四腕骨 9. 第二腕骨 10. 第一腕骨 11. 掌骨 12. 近籽骨 13. 近指节骨 14. 中指节骨 15. 远籽骨 16. 远指节骨 Ⅱ. 第二指 Ⅲ. 第三指 Ⅳ. 第四指 Ⅴ. 第五指

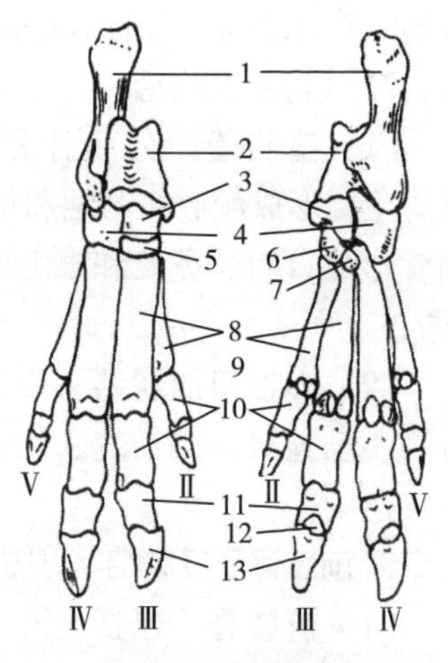

图 2–14 后脚骨

1. 跟骨 2. 距骨 3. 中央跗骨 4. 第四跗骨 5. 第 3 跗骨 6. 第二跗骨 7. 第一跗骨 8. 跖骨 9. 近籽骨 10. 近趾节骨 11. 中趾节骨 12. 远籽骨 13. 远趾节骨 Ⅱ. 第二趾 Ⅲ. 第三趾 Ⅳ. 第四趾 Ⅴ. 第五趾

（1）后肢骨 包括髋骨、股骨、髌骨、小腿骨、跖骨、趾骨和籽骨。

①髋骨 形状不规则，前外上方为髂骨，前腹侧为耻骨，后腹侧为坐骨。三骨愈合处形成深的杯状关节窝，称髋臼。左、右髋

骨在腹侧相结合形成骨盆联合。髋臼背侧缘较高，称坐骨棘。两侧髋骨几乎是平行的（尤其是公猪）。坐骨棘明显突出。由荐骨、前3～4尾椎、左右髋骨和荐结节阔韧带围城的前宽后窄的圆锥形腔为骨盆腔，公猪的骨盆底窄而深，前口长椭圆形，较小。母猪的骨盆底宽而浅，前口椭圆形，大而宽，有利于分娩。

②股骨　近端内侧为球形关节面，称股骨头，其上有一窝。外侧有高大的突起，称大转子。大转子与股骨头同高，大转子顶部被转子切迹分为前低后高的两部。大转子向下移行为转子脊。转子脊与股骨头之间凹陷称转子窝。股骨骨干为圆柱体，近1/3的内侧有一粗厚的小转子，小转子不明显。下部外侧有一髁上窝。远端的前部为远端滑车关节面，与髌骨成关节。滑车关节面的内侧嵴较高大，远端后方为两个髁状关节面，与胫骨成关节。两髁间的凹陷称髁间窝。两髁的内外侧上方有供肌肉、韧带附着的内、外侧上髁。

③髌骨　又称膝盖骨，为一枚大籽骨，呈尖端向下的长三面锥体状。背侧面粗糙，跖侧面光滑，与股骨远端的滑车成关节。

④小腿骨　包括胫骨和腓骨。胫骨粗大，位于腓骨前内侧。腓骨发达，与胫骨等长。腓骨细长，两端粗大，中部细。

⑤后脚骨　包括跗骨、跖骨、趾骨和籽骨。

（2）后肢骨的联结　包括荐髋关节、髋关节、膝关节、跗关节和趾关节。

二、猪的生理指标

（一）基本生理指标

1. 体温　健康猪的体温受体温中枢的调控，并通过神经、体液因素使产热和散热过程保持动态平衡，使体温保持在一个相对恒定的范围内。临床上猪的体温通常采用测量直肠温度确定（直肠

温度），正常体温 38℃～40℃。猪的平均体温为 39℃±0.3℃，刚初生的猪 39.0℃，出生后 1 小时 36.8℃，出生后 12 小时 38.0℃，出生后 24 小时 38.6℃，哺乳仔猪 39.3℃，保育猪 39.3℃，中猪 39.0℃，肥猪 38.8℃，妊娠母猪 38.7℃，母猪产前 6 小时 39.0℃，产出第一个仔猪 39.4℃，种公猪 38.4℃。年龄不同，同一年龄个体不同，同一个体在一天的不同时间段体温略有差别，休息、运动后的体温也不一样。一般傍晚猪的正常体温比上午的体温高 0.5℃。

2. 呼吸 健康猪呼吸均匀，胸腹壁起伏平稳基本一致，呼气，吸气的声音韵律一致，呈胸腹式呼吸，胸部和腹部肌肉一起一伏为呼吸一次。每分钟呼吸 18～30 次。年龄不同，生理期不同，运动状态不同呼吸频率和方式不一样，平均每分钟呼吸次数，仔猪出生后 24 小时 50～60 次，保育猪 25～40 次，后备猪 30～40 次，肥猪 25～35 次，妊娠母猪 13～18 次，母猪产前 6 小时 95～105 次，产出第一个仔猪 35～45 次，产后 12 小时 20～30 次，产后 24 小时 15～22 次，种公猪 13～18 次。

3. 心率 心率就是心脏在一定时间内跳动的次数。年龄不同，生理期不同，运动状态不同心率不一。仔猪出生后 24 小时 200～250 次，保育猪 90～100 次，后备猪 80～90 次，肥猪 75～80 次，妊娠母猪 70～80 次，种公猪 70～80 次。

4. 脉搏 健康猪的脉搏平均每分钟 60～80 次。检查猪的脉搏，小猪一般在后腿的内侧股动脉部，大猪在尾根底下部，也就是在尾底动脉部。检查时可用手指轻按，感触脉搏跳动的次数和强度。如果不方便，可用听诊器，或用手触摸心脏部，根据心脏跳动的次数来确定脉搏。

（二）血液生理指标

1. 红 细 胞

（1）血红蛋白含量 血红蛋白是猪体内负责运载氧的一种蛋白质，是使血液呈红色的蛋白。猪的正常值 100～160 克 / 升，平均

值 130 克 / 升。

（2）**红细胞数**　红细胞也称红血球，是血液中数量最多的一种血细胞，是体内通过血液运送氧气的最主要的媒介，同时还具有免疫功能。猪红细胞的正常值（5.0～8.0）$\times10^{12}$ 个 / 升，平均值 6.5×10^{12} 个 / 升。

（3）**红细胞压积**　猪的正常值为 0.39 ± 0.01 升 / 升。

（4）**红细胞沉降速率**　魏氏测定法，猪的血沉值正常为：0.6 毫米 / 15 分钟、1.3 毫米 / 30 分钟、1.9 毫米 /45 分钟、3.4 毫米 /60 分钟。

（5）**红细胞的形态**　正常红细胞为无核凹盘形，染色后四周呈浅橘红色，中央颜色较周边色浅，呈中央淡染区，占红细胞直径的 1/3～2/5。猪红细胞直径为 5～9 微米。

2. 白细胞　白细胞为血液中的一类细胞。外周血液中的白细胞主要有 5 种，中性粒细胞、嗜碱性粒细胞、嗜酸性粒细胞、淋巴细胞和单核细胞。猪白细胞数正常值约 $14.02\pm0.93\times10^9$ 个 / 升。其中嗜碱性粒细胞 0.23%；嗜酸性粒细胞 3.03%；中性粒细胞 34.16%，淋巴细胞 58.45%；单核细胞 2.58%。

3. 血小板计数　猪的正常值为（100～450）$\times10^9$/ 升。

（三）尿　液

1. 比重　健康猪尿液的比重为 1.018～1.022。

2. pH 值　健康猪尿液的 pH 值为 6.5～7.8。

3. 红细胞或血红蛋白　健康猪尿液中不含有红细胞或血红蛋白。

4. 尿酮体　健康猪尿液中含有微量的酮体，用一般的化学方法无法检出。

5. 尿糖　健康猪尿液中含有微量的葡萄糖，用一般的化学方法无法检出。

（四）粪　便

正常粪便中无红细胞、吞噬细胞和肠黏膜上皮细胞，不见或偶见白细胞。

（五）血液生化指标

1. 血清电解质

（1）**血清钾**　钾是细胞内的主要离子，健康猪血清钾含量 4.4～6.7 毫摩 / 升。

（2）**血清钠**　钠是细胞外液中的主要阳离子，健康猪血清钠含量 135～150 毫摩 / 升。

（3）**血清氯**　氯是细胞外液中的主要阴离子，健康猪血清氯含量 94～106 毫摩 / 升。

（4）**血清钙**　钙是构成骨骼和牙齿的主要成分，健康猪血清钙含量 1.78～2.90 毫摩 / 升。

（5）**血清无机磷**　体内重要的生命化学过程皆有磷的参与，健康猪血清无机磷含量 1.71～3.10 毫摩 / 升。

2. 血 清 酶

（1）**谷 - 丙转氨酶**　主要分布肝脏，其次肾脏、骨骼肌、心肌等组织。健康猪血清谷 - 丙转氨酶含量 21.7～46.5 单位 / 升。

（2）**谷 - 草转氨酶**　主要分布于心肌，其次为肝脏、骨骼肌、肾脏等组织。健康猪血清谷 - 草转氨酶含量 15.3～55.3 单位 / 升。

（3）**碱性磷酸酶**　主要分布肝脏、骨骼肌、肾脏、小肠和胎盘等组织。健康猪血清碱性磷酸酶含量 41～176 单位 / 升。

（4）**γ- 谷氨酰转移酶**　主要存在于细胞膜和线粒体上。健康猪 γ- 谷氨酰转移酶含量 31～52 单位 / 升。

（5）**肌酸激酶**　骨骼肌、心肌含量高，其次脑和平滑肌等组织。健康猪肌酸激酶含量 2.4～22.5 单位 / 升。

（6）**乳酸脱氢酶**　骨骼肌、心肌、肝脏、肾脏和红细胞含量

高。健康猪乳酸脱氢酶含量380～635单位/升。

（7）**淀粉酶** 常用碘-淀粉比色法测定，健康猪淀粉酶含量44～88单位/升。

（8）**胆碱酯酶** 主要存在于红细胞、神经灰质、交感神经结和运动终板中，健康猪胆碱酯酶含量930单位/升。

（9）**超氧化物歧化酶** 广泛分布于机体的组织细胞内。超氧化物歧化酶活性为每毫克蛋白2～5国际单位时铜临界缺乏；超氧化物歧化酶活性为每毫克蛋白低于2国际单位时，功能性缺乏。

（10）**谷胱甘肽过氧化酶** 广泛存在于红细胞、肝脏、肺脏、心肌、肾脏脑和其他组织。健康猪红细胞谷胱甘肽过氧化酶活性参考值，每克蛋白质含100～200微摩尔。

（六）繁殖生理指标

1. 发情周期 猪发情周期平均为21天。

2. 妊娠期 猪妊娠期平均为114天。

三、猪病分类

猪病分为传染性疾病、寄生虫性疾病和普通病。

（一）传染性疾病

传染病是病原微生物引起的，具有一定的潜伏期和临床表现，并具有传染性的疾病。病原微生物侵入动物机体，并在一定的部位定居、生长、繁殖，从而引起机体一系列病理反应的过程为感染或传染。

1. 传染病的特征

（1）**每一种传染病都有其特异的致病性微生物** 如猪瘟是由猪瘟病毒引起，猪传染性胃肠炎是由猪传染性胃肠炎病毒引起，猪伪狂犬病是由猪伪狂犬病毒引起。

（2）**传染病具有传染性和流行性** 从传染病病猪体内排出的病原微生物，经过一定途径感染有易感性的健康猪，可引起同样症状的疾病，这种特性为传染性。当在一定的适宜环境条件下，在一定的时间内，可能有许多猪只被感染，致使传染病蔓延开来，形成流行，这种特性为流行性。

（3）**患病猪有特异性反应** 病原微生物侵入机体后，刺激机体，能使机体发生免疫生物学反应，产生特异性抗体和变态反应等。

（4）**耐过猪能获得特异性免疫** 大多数病猪在耐过传染病痊愈之后，能产生特异性免疫，在一定时间内或终生对该种传染病不再感染；因此，传染病可以通过接种疫苗来预防。

（5）**具有特征性的临床症状和病理变化** 多数传染病都具各自的潜伏期、特征性的临床症状、病理变化、病程和经过。

2. 传染病的发展阶段

（1）**潜伏期** 是从病原体侵入猪体并进行繁殖时起，到出现最初临床症状这段时间称潜伏期。不同的传染病其潜伏期长短不尽相同，同一种传染病由于猪的品种、个体的易感性，病原体感染的途径，侵入猪体的病原微生物的数量、毒力的不同，潜伏期长短也有较大的变动范围，但相对来说，每一种传染性都有一定规律，急性型传染病的潜伏期相对较短且差异较小，慢性型和临床症状不明显的传染病潜伏期较长且差异较大，常不规则。潜伏期的病猪是重要的传染源。

（2）**前驱期** 潜伏期过去以后即转入前驱期，即从出现疾病的最初症状开始，到传染性的特征症状刚出现为止，是疾病的征兆阶段，表现一般的临床症状，如体温升高、精神不振、食欲减退等。不同的传染病、不同病例的前驱期不尽相同。

（3）**明显期（发病期）** 前驱期之后，直到某种传染病的临床症状尤其是特征性的症状明显地表现出来，这段时间为明显期，是疾病发展的高峰阶段。代表性的特征性的症状相继出现，诊断上比较容易识别。

（4）转归期（恢复期） 是疾病发展的最后阶段。一方面猪体的抵抗力得到改进和增强，临床症状逐渐减轻或消失，机体内病理变化逐渐减弱，正常的生理功能逐步恢复，直到痊愈，多数保留有一定免疫反应；另一方面病原体的致病性增强，或猪只机体抵抗力弱时，则病猪以死亡为转归。临床症状消失并不等于体内的病原体全部杀灭，有可能仍是病原体的携带者，并可能排出病原体，成为传染源。

3. 传染病流行的基本环节

（1）传染源 猪传染病的传染源主要是传染病病原体寄居、生长、繁殖，并能向外界排出病原体的猪。也就是受感染的猪，包括患病猪和带菌（毒）猪。消灭患传染病的病猪和防止引入患病猪是预防和控制传染病的有效措施之一。患病猪是重要的传染源，前驱期和症状明显期的病猪，能够排出大量毒力强的病原体。带菌（毒）猪是指外表无症状但携带并排出病原体的猪。一般分为潜伏期带菌（毒）猪、恢复期带菌（毒）猪和健康带菌（毒）猪。潜伏期带菌（毒）猪，这一时期的大多数猪病原体数量很少，一般不具备排出条件，无传染源的作用。但是如猪瘟和口蹄疫在潜伏期的后期就能够排出病原体，并具有了传染性。恢复期带菌（毒）猪，一般来说，这一时期的传染性已逐渐减少或有的已无传染性，但是如气喘病这一时期仍然可以排出病原体。健康带菌（毒）猪是指没有患过某种传染病而能排出病原体的猪，一般认为是隐性感染，作为传染源意义不大，但是巴氏杆菌、沙门氏菌、猪丹毒等可以成为重要的传染源。

（2）传播途径和方式

①传播途径　病原体从传染源排出后，经过一定的方式再侵入其他易感健康猪只经过的途径，称为传染病的传播途径。根据传播途径的性质或病原体所经历的先后路径，可将其分为两个阶段。第一阶段，是病原体从传染源排出后到刚一接触被感动物的这段路径，主要包括外界自然环境中的各种媒介，如空气、水源、土壤、

饲料、精液、运输工具、节肢动物、野生动物及人类等；第二阶段，是病原体从接触被感染动物到侵入动物体内脏器官组织的这段路径，主要包括呼吸道、消化道、泌尿生殖道、皮肤黏膜创伤和眼结膜等。动物传染病的传播途径比较复杂，每种传染病有其特定的传播途径，有的只有一种，有的可以有多种。

②传播方式　病原体由传染源排出后，经一定的传播途径再侵入其他易感动物所表现的形式称为传播方式。可分为两大类：一类为水平传播，是指传染病在猪群之间或猪与猪之间横向平行的方式传播，可分为直接接触和间接接触传染两种。另一类为垂直传播。垂直传播就是病原体从母体传染给后代，两代之间的传播方式。

直接接触传染：是病原体通过被感染的猪与健康猪直接接触，没有任何外界因素的参与而引起的传染。如猪在交配、舐咬等接触。这种传播方式的特点是一个接一个发生，有明显的连锁性。由于这种传播方式受到限制，一般不易造成广泛的流行。

间接接触传染：病原体在外界环境因素的参与下通过媒介（污染的物体、饲料、饮水、土壤、空气、活的传播者等）间接地使健康猪发生传染的方式，称为间接接触传播。大多数传染病以间接接触传播方式为主，如猪乙型传染性脑炎、猪气喘病等，同时也可以通过直接接触传播。

（3）猪群的易感性　易感性是指猪只对某种传染病病原体的感受性的大小，与抵抗力相反。猪的易感性，直接影响某种传染病能否在猪群造成流行以及流行的严重程度。猪易感性的高低主要与猪群的内在因素、外在因素和特异免疫状态有关。

①猪群的内在因素　不同品种的猪对同一种病原体的易感性是不一样的，这是遗传因素决定的。不同年龄的猪对病原微生物的易感性和免疫反应也不尽相同，仔猪对致病性大肠杆菌（仔猪黄痢）、C型魏氏梭菌（仔猪红痢）、轮状病毒、伪狂犬病毒、猪繁殖与呼吸综合征病毒的易感性较高，症状明显；仔猪副伤寒主要发生于1～4月龄的猪，猪丹毒主要发生于架子猪。

②环境因素　是指对猪的生长发育、繁殖，健康等有关的外在因素。例如，场址周围环境、猪舍的环境卫生、饲料质量和营养水平、猪群的饲养密度、猪舍的温度、湿度、通风及有毒有害气体的浓度、粪尿及污水的处理、疾病的及时诊断和处置、预防免疫程序和消毒制度的建立等因素，都与疫病的发生、流行有密切关系。

③特异性免疫状态　特异性免疫状态是影响猪群易感性最重要的因素。特异性免疫力的产生，包括患病后康复、来自母体（母源抗体）、预防免疫接种、人工注射抗血清等。特异性免疫水平高的猪（猪群），则易感性就低，反之就高。计划预防免疫接种，就是提高猪群的特异性免疫力，降低猪（猪群）易感性，预防传染病的发生。猪群中特异性免疫力高的数量多，发生疫病流行的可能性就小。

4. 感染的类型和传染病分类

（1）感染的类型

①按照病原体的来源　可分为外源性感染和内源性感染。外源性感染是指从外界侵入机体引起的感染过程。内源性感染是指病原体寄生在动物机体内的条件性致病微生物，在机体正常情况下，它不表现出致病性，但是当机体受到不良因素的影响下，抵抗力降低，导致病原微生物的活化、毒力增强并大量繁殖，最后引起机体发病。

②按照感染病原体的种类及先后　可分为单纯感染、混合感染、原发感染和继发感染。单纯感染是由一种病原微生物所引起的感染。混合感染是由两种及以上病原微生物所引起的感染。动物感染了一种病原微生物后，在机体抵抗力降低的情况下，又有新的病原微生物侵入或原先寄生的病原微生物引起感染，前一种病原微生物感染是原发感染。后面的感染为继发感染。

③按照感染后所出现的症状的严重程度　可分为显性感染和隐性感染，顿性型感染和一过型感染。显性感染是病原微生物感染

后，出现该病所特有的明显的临床症状的感染。隐性感染是病原微生物感染后，无任何临床症状而呈隐蔽经过的感染。顿性型感染是病原微生物感染后，开始症状表现较重，与急性病例相似，但是特征性症状尚未出现即迅速消失，恢复健康。一过型感染是病原微生物感染后，开始症状较轻，特征性症状尚未出现即行恢复。

④按照感染部位　可分为局部感染和全身感染。局部感染是指动物抵抗力强、病原微生物毒力较低或数量较少、病原微生物被局限于一定部位生长繁殖并引起一定病变的感染。全身感染是指动物抵抗力弱、病原微生物冲破了机体的各种防御屏障侵入血液向全身扩散。

⑤按照感染后症状的表现　可分为典型感染和非典型感染。典型感染是指在感染过程中表现出该病的特征性临床症状。非典型感染是指在感染过程中表现临床症状或轻或重，与典型出症状不同。

⑥按照感染病原微生物后引起猪死亡的多少　可分为良性感染和恶性感染。良性感染是指在感染后，不引起患病动物大批死亡。恶性感染是指在感染后，能够引起患病动物大批死亡。

⑦按病程的长短　可分为最急性感染、急性感染、亚急性感染、慢性感染。最急性感染是指在感染后，常在数小时或一天内突然死亡，症状和病变不明显。急性感染是指在感染后，病程常从几天至2～3周不等，有明显的典型症状。常在数小时或一天内突然死亡，症状和病变不明显。亚急性感染是指在感染后病程稍长，临床表现不如急性明显。慢性感染是指在感染后，病程发展缓慢，常在1个月以上，临床表现常不明显甚至不表现。

⑧按感染的状态　可分为病毒性持续感染和慢性病毒感染。病毒性持续感染是指动物长期持续的感染状态，感染的动物可长期或终生带毒，并经常或反复不定期地向体外排毒，但是，常缺乏或出现与免疫病理反应有关的临诊症状。慢性病毒感染是指潜伏期长，发病呈进行性且最后常以死亡为转归，与病毒性持续感染不同的是疾病过程缓慢，但不断发展，最终引起死亡。

（2）传染病分类

①按病原体分类　按照感染的病原体分病毒病、细菌病、支原体病、衣原体病、螺旋体病、立克次氏体病和霉菌病等，习惯上除病毒病外，其他称为细菌病。

②按动物种类分　按患病动物分猪传染病、鸡传染病、羊传染病、多种动物传染病和人畜共患病等。

③按照侵害的主要器官或组织系统分　分全身性败血性传染病和以侵害消化系统、呼吸系统、神经系统、生殖系统、免疫系统、皮肤或运动系统为主的传染病。

④按病程长短分　按病程的长短分最急性、急性、亚急性、慢性感染。

⑤按疾病的危害程度分　我国分为一类疫病、二类疫病和三类疫病。一类疫病是对人和动物危害严重，需要采取紧急、严厉的强制性预防、控制和扑灭措施的疾病，如口蹄疫、猪水疱病、猪瘟、非洲猪瘟等。二类疫病是可造成重大经济损失，需要采取严格控制扑灭措施的疾病，如伪狂犬病、猪乙型脑炎、猪细小病毒病、猪繁殖与呼吸综合征、猪丹毒、猪肺疫、猪链球菌病、猪传染性萎缩性鼻炎、猪支原体病、弓形虫病、旋毛虫病、猪囊尾蚴病。三类疾病，是指常见多发，可造成重大经济损失、需要控制净化的动物疫病，多呈慢性经过，如猪传染性胃肠炎、猪副伤寒、猪密螺旋体痢疾。

⑥按照疾病的来源分　外来病、地方病和自然疫源性疾病。外来病是指国内尚未证实存在或已经消灭而国外存在或流行、从别国输入的疫病。地方病是指由于自然条件的限制，某病仅在一些地区长期存在或流行，而在其他地方基本不发生或很少发生。人和动物疫病的感染和流行对其在自然界的保存来说不是必要的，这种现象为自然疫源性，自然疫源性疾病是具有自然疫源性的疾病。人和动物疫病的感染和流行，对其在自然界的保存来说不是必要的，这种现象称为自然疫源性。存在自然疫源性疾病的地方为自然疫源地。

5. 流行病学分析中常用频率指标

（1）发病率 发病率是表示猪群在一定时间内某病的新病例发生频率。发病能较完全地反映传染病的流行情况，但不能说明整个流行过程，因为常有许多猪只呈隐性感染，也是传染源。因此，不仅要统计病猪，而且还要统计隐性感染猪，计算感染率。

$$发病率=\frac{某期间内猪群中某病新病例数}{某期间内该猪群猪只的平均数}\times 100\%$$

（2）感染率 感染率是指用临床诊断、病理剖检法和各种检验法（微生物、血清学、变态反应等）检查出来的所有感染猪头数（包括隐性感染猪）占被检查猪只总头数的百分比。

$$感染率=\frac{感染某传染病的猪只头数}{检查总头数}\times 100\%$$

（3）患病率 患病率是在某一指定时间猪群中存在某病的病例数的百分比。

$$患病率=\frac{某一指定时间猪群中存在某病的病例数}{某一指定时间猪群总数}\times 100\%$$

（4）死亡率 死亡率是指某病病死猪数占某猪群总头数的百分比。不能说明传染病发展的特征。

$$死亡率=\frac{某病病死猪数}{某猪群总头数}\times 100\%$$

（5）致死率（病死率） 致死率是指因某病死亡的猪只占该病患病总数的百分比。它表示某病临床上的严重程度。因此，能比死亡率更为精确地反映出传染病的流行过程的危害和严重程度。

$$致死率=\frac{某病死亡的猪数}{某病患病总数}\times 100\%$$

（6）带菌（病毒）率 携带某种病原体的猪的数量占被调查患病猪的总头数的百分比。

$$带菌（病毒）率=\frac{携带某种病原体的猪数}{被调查患病猪的总头数}\times 100\%$$

（二）寄生虫性疾病

猪的寄生虫病是寄生虫寄生于猪体而引起的疾病。寄生虫是将其一生的全部或大部分时间居住在另一种生物体的生物。寄生虫病的病原体主要分属于蠕虫、昆虫和原虫 3 大类，由于寄生虫的种类繁多，散布广泛，有的临床表现不明显，常以一种极为隐蔽的方式损害猪的健康，表现消瘦、贫血、营养障碍和生长发育不良等，最终降低其的生产性能，有的将会引起疾病的暴发和流行，对猪的危害性十分严重。

1. 寄生虫发育的过程　寄生虫发育的整个过程或生活史，因种类不同分直接发育与间接发育。有的一生只需 1 个宿主，为直接发育，如蛔虫、圆形线虫等。有的在其一生生活史中需要经过 2 个或 2 个以上的宿主，为间接发育，如吸虫、绦虫等，成虫寄生的宿主为终（末）宿主，幼虫寄生的宿主为中间宿主，有的需要 2 个中间宿主，则按顺序称为第一、第二中间宿主。有一些能寄生于多种宿主，或在不同的发育阶段需要不同的宿主。寄生虫对其宿主具有选择性，不同寄生虫在各自生活史中的各发育阶段都有其固有的宿主。

2. 寄生虫性疾病的特征

（1）寄生虫性疾病的临床表现不明显　临床症状与感染的程度呈正相关，多以隐性感染的方式降低生产性能，减少产品的数量和质量。虫体寄生于猪体后，即夺取营养物质，同时释放代谢产物和毒素，并且由于虫体的移行常造成组织器官的机械损伤。

（2）疾病的传播需要中间宿主或媒介或贮藏宿主　在寄生虫的整个发育过程中有的成虫和幼虫在同一个宿主体内完成，有的分别在不同的宿主体内完成，有的寄生虫在传播的过程中必须有媒介才能完成，媒介大多数是吸血的节肢动物。因为需要中间宿主、媒介的参与，所以对虫体进行研究的同时，也要对宿主、媒介的分布、习性、活动规律、栖息地、发育条件、生存条件和感染的机遇和条件进行研究，既要研究虫体的防治方法，也要控制和消灭有害宿主、媒介。

（3）疾病感染源较多

①被污染的土、水和食物等　猪采食了被污染的土、水和食物等而被感染，如猪蛔虫。

②带感染性虫（卵）的中间宿主　猪吞食了带虫的中间宿主而被感染。如猪肺线虫，它们的虫卵随宿主粪便排出体外之后，须被蚯蚓吞咽，之后在蚯蚓体内发育为感染幼虫，猪只因为吞食了带有感染幼虫的蚯蚓遭受感染的。

③带感染性虫（卵）的媒介　受到带感染性虫（卵）的媒介的侵袭而被感染。如寄生于血液中的原虫和一些寄生于血液、体腔和其他组织中的蠕虫（丝虫），常通过吸血的节肢动物传播。

④直接和病猪接触传播　如疥螨病。

⑤通过接触被污染的褥草等传播　如虱等。

（4）混合感染　一种寄生虫病的存在，构成了另一寄生虫病的流行因素。因为一种寄生虫的存在使猪的抵抗力降低，常造成猪体对另一种寄生虫的易感性增强，常混合感染。

（5）季节性　寄生虫性疾病的季节性较强。每一种寄生虫生长发育阶段规律是一定的；各种寄生虫及其卵对外界环境的温度、湿度、光照，和各种化学物质的耐受性不同，发育到有感染性的虫体或虫卵需要一定的条件和时间，受自然的地理位置和环境的影响较大，如温度、湿度和光照，这些因素既影响寄生虫本身也影响中间宿主或媒介。所以寄生虫病的发生带有明显的季节性。

（6）受饲料的影响　有些寄生虫尤其是消化道的寄生虫对饲料的性质有一定的要求，饲料对其影响甚深，营养丰富而且各种营养物含量均衡的饲料，对某些组织内的寄生虫也可能有显著抵抗的作用。

3. 感染途径　寄生虫病的感染途径主要是经口感染，还有经皮肤感染和胎盘感染等。

（1）经口感染　寄生虫虫卵、幼虫随粪便、尿液等排出体外，污染饲料、水源及周围环境，猪可以经过口进行感染。

（2）经皮肤感染　一是感染性幼虫钻入皮肤引起感染；二是借助吸血昆虫进入皮肤引起感染；三是通过直接接触病猪或通过接触与病猪接触过的器械感染。

（3）经胎盘感染　母猪感染了寄生虫后，其幼虫在猪体内移行，可通过胎盘进入胎儿体内，形成先天性感染。

4. 寄生虫对宿主的影响

（1）夺取营养　寄生虫可以夺取宿主肠道内消化和未消化食物、血液中的血红蛋白及组织液和被破坏的组织，作为他们的营养。

（2）机械损伤　寄生虫的吸盘、吻突和口囊等特殊的器官附着在宿主胃肠等器官的黏膜上，可造成局部的损伤。寄生虫幼虫在宿主体内移行可以穿透各组织，形成“虫道”，引起损伤，造成组织出血、炎症等。寄生虫虫体可以堵塞宿主的脏器如肠道、胆管、血管、气管、支气管等，有的引起破裂，有的形成包囊，引起组织病变。寄生虫虫体可以破坏红细胞，引起贫血。

（3）毒素作用　寄生虫生活期间排出的代谢产物和分泌物及虫体崩解时释放出的体液对宿主产生毒害作用，引起局部或全身反应。

（4）引起继发感染　寄生虫可以对机体造成机械性损伤和（或）机体抵抗力下降，从而引起病毒、细菌等病原微生物及其他寄生虫的侵入感染。

（三）普通病

普通病包括不具有传染性和侵袭性的内科病、外科病和产科病。

1. 内科病　包括消化系统、呼吸系统、心血管系统、神经系统和泌尿系统，以及血液和造血器官、内分泌腺、营养和代谢、中毒、遗传、免疫及生态失调等疾病；它的发生与饲养管理、环境变化有着密切的关系；在规模化养猪生产中，由于饲养管理、环境因素的影响，有些疾病在临床上见不到明显症状，但能严重影响猪的正常生长发育和繁殖能力。

2. 外科病 包括外科感染、损伤、溃疡和瘘管、外伤性休克和各种组织（骨、关节、肌肉、腱和腱鞘、神经、黏液囊、皮肤）疾病、各种胸腹部急症、肿瘤、畸形和功能障碍等；这些疾病往往需要以手术或手法处理作为主要手段来治疗；因此，手术就成为外科所特有的一种治疗方法。

3. 产科病 包括妊娠期疾病、分娩期疾病、产后疾病、不育、乳腺疾病和新生仔猪疾病等。

四、猪病发生的预警机制

猪病发生的预警机制，就是指预先发布猪病发生的警告制度，预防和阻止从猪病发生的可能性演变成真正危害猪场的疾病。通过及时提供警示实现信息的超前反馈，及时布置、防患于未然，保障猪场猪群的健康，将损失降低到最低。在制定预警机制的过程中，充分遵守科学性，始终贯彻系统性、可供操作和高效性，并不断创新。

（一）成立领导组

猪场成立以场长为主的疫病防控领导组，组成人员有兽医、饲养员和饲料加工人员等，各负其责、统一协调、相互配合，组织各方力量收集猪病信息，尽早为猪病预警提供线索。

（二）预警对象

猪场的预警对象以当地已经消灭的、从未发现过的、重大的传染性疾病（猪瘟、口蹄疫、高致病性猪蓝耳病）和当前对猪群危害较大的疫病为主。

（三）评　价

定期对疫苗免疫前后抗体进行检测，评价免疫效果。必要时对当地或本场已经消灭的、从未发现过的疫病进行抗体或抗原检测，指导疫病防治工作，杜绝或降低风险。

（四）建立快速反应机制

一旦发现猪群有异常现象，做到早发现、早报告、早隔离、早治疗，建立快速反应机制，及时采取有效的防控措施。根据季节变化，及时发出预警，采取有效防控措施，减少疾病的发生和流行。

第三章
兽医日常操作

一、猪群体及猪舍检查

群体检查是对全场猪群进行健康状况及生活环境条件的检查。要对猪群的变动，环境条件以及饲养管理有详细的了解。兽医人员应每天对全场的猪群最少进行1次检查，检查时应从哺乳母猪群、哺乳仔猪、保育猪、妊娠母猪、公猪、待配猪、后备猪、育肥猪，如有新引进的猪最后进行观察。检查的内容主要有猪群精神、营养、采食、饮水、活动、休息和粪尿等情况。

（一）猪群体检查

1. 哺乳母猪群的检查 主要检查哺乳母猪的精神状况、营养水平，采食饮水、活动、休息和哺乳情况，乳房变化，粪便性状，外阴收缩程度、是否有分泌物、分泌物性状等。健康哺乳母猪精神好；中等膘情、骨骼棱角不突出；皮肤被毛清洁光亮，色泽正常，无任何结痂、粪尿污物的污染；乳房、乳头发育正常，乳头间距均衡，乳汁分泌正常；阴道无脓性、带血、恶臭的分泌物排出。食欲旺盛，饮水正常。四肢健壮，无损伤、变形，起卧灵活，行走正常。躺卧时身体舒展，乳房外露，呼吸均匀，放乳时发出“哼哼”声。如精神委顿，食欲降低，身体消瘦，皮毛粗糙、异常，乳房肿胀；起卧困难，躺卧身体蜷曲，乳房集于腹下，拒绝哺乳，或哺乳

时突然站立；仔猪消瘦，腹泻；阴道有脓性、带血、恶臭的分泌物排出，要及时进行诊断治疗。

2. 哺乳仔猪群的检查 检查哺乳仔猪的精神状况，膘情，体重，皮肤的清洁度，吮吸、运动、休息和粪尿情况等。健康哺乳仔猪精神好，互相之间嬉戏打闹，被毛清洁光亮，皮肤红润，无任何结痂、创伤、粪尿污物的污染；四肢健壮，无变形，行走正常，哺乳时全部及时到位，吮吸有力，躺卧时身体舒展，互不挤压，粪便正常；体重正常，同窝仔猪体重大小相近，断奶重正常情况是初生重的 5～6 倍。如发现精神萎靡，行动迟缓，消瘦，粪便稀或干或混有不消化的凝乳块、血样，被毛污秽不洁，皮肤异常，哺乳量减少或拒绝哺乳，躺卧时互相挤压、堆积，要及时进行诊断治疗。

3. 保育仔猪群的检查 主要观察仔猪的精神状况，营养水平，皮肤的清洁度，食欲、运动、休息和粪尿情况等。特别要对断奶一周内的仔猪要仔细观察。健康猪精神好，食欲旺盛，膘情良好，被毛清洁光亮，皮肤红润，无任何结痂、创伤、粪尿污物的污染；四肢健壮，无变形，行走正常，粪便成形，颜色正常，躺卧身体舒展，有次序性，互不挤压。如发现精神萎靡，消瘦，被毛污秽不洁，皮肤异常，采食量减少或拒食，躺卧时互相挤压、堆积，行动迟缓异常，要及时进行诊断治疗。

4. 妊娠母猪群的检查 主要检查精神状况，营养水平，身体的变化，皮毛的清洁度、采食饮水和粪便情况等。健康妊娠母猪精神好，食欲旺盛，躺卧时间长，安稳舒展，营养良好，不过肥或过瘦，身体圆满骨骼不露出棱角，皮肤光亮，被毛整洁，阴门及臀部没有异常分泌物，运动正常，粪便成形，颜色正常，妊娠后期体重增加快，腹围增大。如发现精神萎靡，食欲减退，消瘦，被毛粗乱，皮肤异常，腹围变小，阴门以及臀部有异常分泌物等，要及时进行诊断治疗。对体况过肥或过瘦及便秘的猪群要及时调整饲料。

5. 种公猪群的检查　主要检查种公猪的精神状况，营养水平，采食饮水、活动、休息及采精（配种）情况等。健康种公猪精神好，食欲旺盛，四肢健壮，活动自如，躺卧时安稳舒展；皮肤光亮，被毛整洁，膘情适中，身体圆满骨骼不露出棱角，营养良好；反应敏捷，性欲旺盛。如发现精神委顿，食欲降低，活动异常，性欲降低，要及时诊断治疗。

6. 待配母猪群的检查　主要检查待配母猪群营养水平，乳房恢复，运动情况等。经过一个哺乳期断奶后的待配母猪，失重现象比较严重，严重失重的要及时调整日粮供给，减少失重，使其正常发情配种。随时观测乳房的变化，如发现乳房肿胀要及时治疗。断奶后的待配母猪要混群饲养，不可避免地要发生打斗现象，势必引起肢体损伤，要随时观察猪的运动情况，发现运动异常后，要及时处理。

7. 后备猪群的检查　主要检查猪群生长发育，运动情况。根据选育标准定期测定猪群的生长发育情况，观察乳房和睾丸的发育，以及四肢运动情况，如群体过肥或过瘦，要及时调整日粮；乳房和睾丸的发育异常，及时淘汰；运动异常，四肢有疾患，经治疗不能痊愈的，要及时淘汰。

8. 育肥猪群的检查　主要检查育肥猪群的精神状况，营养水平，采食饮水、生长发育、活动和休息情况等。健康猪群精神好，食欲旺盛，饲喂时立即到食槽前；皮肤光亮，被毛整洁；同一批次的猪发育整齐一致，且生长快，按时出栏；四肢健壮，活动自如，躺卧时安稳舒展。如发现精神委顿，食欲减低，到食槽边少吃几口或站立片刻即离去，消瘦，粪尿异常，躺卧行动异常，要及时诊断治疗，没有治疗价值的立即淘汰。

（二）猪舍环境检查

猪舍环境的检查，包括猪舍的温度、湿度、空气质量，地面（产床、保育床）情况和食槽剩料情况、饮水器通畅情况，以及粪

污堆放场所和粪污排放管道等。

1. 温度　不同生理阶段的猪群需要的适宜温度不同，所以各类猪舍所需的温度不同。产仔舍的理想环境温度需求较为特殊，既要照顾仔猪又要顾及母猪，一般要求22℃～23℃；保温箱的温度按照仔猪的日龄而不同，1～7日龄36℃～32℃，8～14日龄32℃～30℃，15～21日龄30℃～28℃，22～28日龄28℃～26℃。保育舍温度一般分为两个阶段，断奶后1周内为28℃～26℃，1周以后26℃～22℃。种公猪、妊娠母猪和后备猪舍的温度保持在18℃～15℃。温度对育肥猪的影响非常大，育肥猪舍最佳温度应保持在18℃～20℃。

2. 湿度　猪舍内空气湿度低于50%，空气干燥，呼吸道疾病增多，高于70%，猪体内水分蒸发困难，病原微生物繁殖加快，疾病增加，适宜的空气相对湿度60%～70%。

3. 空气质量　空气要清晰，工作人员没有感到有刺激眼睛和鼻腔的感觉。种公猪舍、妊娠母猪舍和育肥舍中氨气、硫化氢、二氧化碳和粉尘的浓度分别小于25毫克/米^3、10毫克/米^3、1 500毫克/米^{3}和1.5毫克/米^3；产仔舍和保育舍中氨气、硫化氢、二氧化碳和粉尘的浓度分别小于20毫克/米^3、8毫克/米^3、1 300毫克/米^{3}和1.2毫克/米^3。

4. 食槽内饲料　分顿饲喂的猪群，食槽内饲料要保持新鲜，如发现有剩余饲料及时进行诊断治疗，仔猪补食槽内保持随时有新鲜饲料。对于自由采食的猪群，随时观察饲料量的变化，发现饲料没有按照计划变动，及时进行诊断治疗。

5. 饮水器　随时检查饮水器，保持通畅，否则及时修理更换。尤其是哺乳仔猪使用的饮水器，由于哺乳仔猪饮水少，容易被忽略。

6. 卫生情况　检查猪圈舍地面、产床、粪沟、围墙的卫生，要干净卫生。如产床底面是网状的，要经常检查网孔的大小，有无突出的尖状物。

7. 粪污堆放场所　粪污堆放场所管理不好，将造成粪尿横流，臭气熏天，蚊蝇滋生，病原微生物繁殖，直接影响着猪群的健康。定期对粪污堆放场所进行检查，粪便要堆放整齐，尿水进入沉淀池，粪场周围每日消毒 1 次。

8. 粪污排放管道 粪污排放管道排放不畅，直接影响猪舍的卫生和空气质量。定期检查粪污排放管，及时清除管道内的粪便，防止粪便淤积，保障管道畅通。

二、猪的保定技术

（一）徒手保定

将仔猪抱于怀中，一手抓住四肢，另一手固定一只耳朵，对猪进行检查和颈部肌内注射。

两手分别握住仔猪的两耳提起猪体，体重稍大些，两腿将其肷部夹住，防止乱动，对猪进行检查和颈部肌内注射。

用手抓住仔猪后蹄跖部，两腿将猪的头颈部夹住，防止乱动，对猪进行检查和大腿内侧肌内注射、腹腔注射（图 3–1）。

（二）器械保定

①用挡板将猪挤在圈舍墙角处，缩小猪的活动范围。猪颈部肌内注射。

②用保定器或绳套，将前端套绳套在猪嘴内上颌犬齿后，向前拉，这时猪有向后退的本能，猪站立不动时，可以进行疾病的检查和治疗。需要猪倒卧时，站在猪体侧面左手抓住后肢，右手抓住前肢将其放倒。固定头部，四肢不要着地。根据诊疗需要对四肢进行固定（图 3–2）。

③取两根约 2 米长的木棒或竹竿，栓上用绳编成的网，形如担架，固定猪时，打开网，将猪放于网上，四肢穿过网眼，抬起网架，使猪的四肢悬空。进行疾病的检查。

图 3-1　徒手保定

（图中圆圈表示前腔静脉采血点，虚线部分表示头静脉位置）

图 3-2　保定器保定

（图中上面的圆圈表示颈静脉采血点，下面的圆圈表示前腔静脉采血点）

④用绳拴住两后肢胫或跖部，将猪倒挂起来，前肢不要接触地面。主要用于治疗脱肛和直肠脱。

自制保定器：

①选用约 1 米长的木棒一根，末端系一根 0.5 米长的绳子，距此末端约 15 厘米处，再将麻绳的另一端系上，做成一个固定大小的圆套，从猪的口套在上颌犬齿后方，随后将木棒向猪头背后方滚动，收紧套绳，即可将猪保定。

②用 1 条 2 米长的绳子，在一端做成直径 15 ~ 18 厘米的活结绳套，或用直径 4～5 厘米、长约 2 米木棍一根，一端钻孔，用皮条或小手指粗的麻绳通过孔，再结扎两头使成一绳套，其大小以能套过猪的上颌再稍大些为宜。保定时，将绳套从口腔套在猪的上颌骨犬齿的后方，将另一端拴在柱子上，把猪头提成水平即可诊疗，或套进后立即旋转绳套，使猪有疼痛感而达到保定目的。须倒卧保定时，将猪放倒后，捆好四肢，用木杠子压住颈部。

（三）药物麻醉保定

药物麻醉保定就是应用麻醉药品使猪保持安静。主要用于外科手术。

1. 猪的局部麻醉

①表面麻醉　通过喷雾、涂布、滴入或填塞等方法，将穿透性能较强的局部麻醉药，与手术区的组织表层相接触，暂时消失或减轻痛觉。常用于口腔、鼻腔、结膜囊、直肠、阴道黏膜、膀胱黏膜、关节、腱鞘及黏液囊中的滑膜的麻醉。常用药物有丁卡因、可卡因、利多卡因和普鲁卡因等。

②传导麻醉　是将局麻药作用于神经干或神经丛周围，暂时阻断来自手术区的痛觉传导，具有剂量小作用大。常用于额部及上眼睑手术，舌手术，剖腹手术。常用药物有2%盐酸利多卡因和3%～5%盐酸普鲁卡因注射液。

③椎管内麻醉　椎管内麻醉可分为蛛网膜下腔麻醉和硬膜外腔麻醉。麻醉时椎管内穿刺的部位可选择在腰椎与荐椎间隙或第一、第二尾椎间隙或荐骨与第一尾椎间隙。常用药物有3%盐酸普鲁卡因注射液2～5毫升或1%～2%盐酸利多卡因注射液1～5毫升。

2. 猪的全身麻醉　猪对全身麻醉的耐受性较差，一般很少用。静注巴比妥类药物。麻醉前要禁食24小时，禁水2小时，半小时前应肌内注射0.07～0.09毫克/千克体重硫酸阿托品。猪全身麻醉常用的巴比妥类药物如下。

①硫喷妥钠　静脉内注射一次量为每千克体重10～35毫克（小猪用大剂量即每千克体重25毫克）。麻醉时间为10～15分钟，苏醒时间为0.5～2小时。腹腔内注射一次量为每千克体重20毫克，麻醉时间为15分钟，苏醒时间约3小时。

②戊巴比妥钠　静脉注射一次量为每千克体重10～25毫克，麻醉时间30～60分钟，苏醒时间4～6小时。本品也可采用腹腔内注射，大猪（50千克以上），采用小剂量（每千克体重10毫克）；

小猪采用大剂量（每千克体重 25 毫克）。

③异戊巴比妥钠　静脉注射或肌内注射作为镇静或基础麻醉。剂量为每千克体重 5～10 毫克。

三、猪的阉割技术

（一）公猪阉割术

1. 小公猪阉割术

（1）保定　一般选用徒手法。右手握住猪的右后肢跖部，将猪提起。左手握住猪的右膝褶。向左摆动猪头部，使其左侧卧地。左脚踩住猪颈的寰椎翼部，右脚踩住尾根。

（2）手术方法　左手腕部压猪右后肢，用拇食及中指捏住阴囊颈部，把睾丸推挤至阴囊底部，使阴囊皮肤紧张。右手持刀沿阴囊缝际稍右的部位切开皮肤及总鞘膜，挤出右侧睾丸。右手随之抓住睾丸，以左手将阴囊韧带与总鞘膜连接部撕开，此时睾丸即向外脱垂。右手松开睾丸，以拇、食指在睾丸上方 1～2 厘米处，反复撸挫精索，必要时可捻转数周后再行撸挫，直至精索被挫断为止，去除睾丸。随后经阴囊原切口，切开阴囊中隔，以同法除去另侧睾丸。

2. 大公猪阉割术

（1）保定　体重或年龄较大的猪，将猪左侧卧位保定，助手在猪颈部用木杠或者扁担压住。术者用膝部压于猪后躯，右脚踩住尾根。

（2）手术方法　手术方法与小公猪阉割法基本相同。在距睾丸 2～3 厘米处结扎精索后，切除睾丸，握紧精索，观察切面，如没有出血，还纳精索，切口撒消炎粉，防止伤口感染。

3. 公猪隐睾摘除术

猪的隐睾主要为腹腔型隐睾，分单侧隐睾和双侧隐睾。

（1）**单侧隐睾摘除手术方法** 取隐睾侧在上的侧卧保定，在隐睾侧髂区剪毛消毒，采用局部切口浸润麻醉，麻醉后，在髋结节前下方8～10厘米处，做一弧形皮肤切口，切口长度为4～6厘米。切开皮肤后，钝性分离腹壁肌层，并以术者的食指戳透腹膜。术者食指伸入腹腔内，按照肾脏后方腰区、髋区、耻骨区和腹股沟区仔细探查隐睾。探查时动作要轻柔，以防食指戳破肠系膜和肠管。当猪体过大，食指难以达到要探查的部位时，可将猪体对侧腹壁垫高，以增加食指的探查范围。找到睾丸后。以食指钩住睾丸精索，紧贴腹壁缓缓移向切口，取出隐睾。用丝线结扎精索后，切除睾丸和附睾，还纳精索断端于腹腔内，按剖腹术方法闭合腹壁各层。

（2）**双侧隐睾摘除手术方法** 可取倒提式或斜板倒挂法保定，使公猪的腹底部向着术者。采用局部切口浸润麻醉，在倒数第二、第三对乳头间的腹白线切开腹底壁，按单侧隐睾切除方法分别探查取出两侧隐睾。结扎精索后，分别切除之。最后用缝合法闭合腹底壁切口。

（二）母猪的阉割术

规模化猪场不作种猪的母猪多数不进行阉割而直接育肥，但是在特殊情况下需要掌握这项技术。母猪阉割根据猪的大小分大挑法和小挑法。大挑法，适于15千克以上的母猪，特别是成年母猪；小挑法，均适于15千克以下的小母猪。

1. 大挑法（髂部法）

（1）**保定** 右侧卧保定，术者在猪背侧，右脚踩住其颈的寰椎翼或助手用木杠压住颈部，两后肢由助手向后牵引伸直。

（2）**手术方法** 在髋结节前下方5～10厘米处，剪毛、碘酊消毒，以髋结节为中心，做3～5厘米长的弧形切口，而后垂直戳破腹肌及腹膜，将食指进入腹腔，沿脊柱及侧腹壁，由前向后至盆腔入口探摸上侧卵巢；摸到后，用指腹将其压住并钩向切口引至腹外。屈曲腹外各指，用手背侧按压腹壁，加大腹压，使卵巢不至滑

脱。当卵巢钩至切口，引出困难时，可用桃形刀的钩端将其钩出。同样的方法取出下侧卵巢。分别结扎卵巢系膜，除去卵巢。如下侧卵巢不宜同时取出时，先把取出的上侧卵巢除去。而后一边还纳上侧子宫角，一边导出下侧子宫角、输卵管及卵巢。结扎后除去卵巢。还纳子宫角于腹腔。切口的缝合，腹膜用连续缝合法，肌肉及皮肤用结节缝合法缝合。

注意事项：去势前应禁饲1顿；发情期的母猪不宜去势。

2. 小 挑 法

（1）**柳叶刀挑法**　采用右侧卧位，术者以左手提起猪的左后肢，右手抓住左侧膝褶，向前摆动猪的头部，将猪右侧卧地，立即用右脚踩住猪左侧颈部，将左后肢向后伸展，使猪的后躯转为仰卧姿势，并以左脚踩住其左后肢跖部或球节。在左侧倒数第2～3对乳头外侧2～3厘米处，消毒，左手拇指在此处外侧2～3厘米处，将皮肤稍向外侧移动，用力按压腹壁，与荐结节内侧的陷凹内接触。右手执刀，用刀尖沿左手拇指垂直切皮肤一纵切口，长0.5～1厘米。用刀的另一带钩端从切口插入，捅破腹壁肌层及腹膜，随后左手用力按压，子宫角也随着涌出。同时，右手用刀柄做弧形摆，稍扩大切口，卵巢及子宫角的一部脱出后，即用右手捏住。随后以两手的拇、食指轻轻地轮换取出，两手的其余各指收拢并交替压迫腹壁切口，当两侧卵巢、子宫角和子宫体取出后钝性摘掉。用碘酊消毒伤口，提起后肢稍加摆动，使肠管回位，手术完成。

注意事项：术前应禁饲一顿。手术时小猪嚎叫的越厉害，左手拇指越用力压腹壁，腹压越大，卵巢越接近术部，手术越易成功；如果卵巢嵌于切口时，可用刀柄轻轻将其引出。

（2）**管状刀挑法**　采用右侧卧位，术者以左手提起猪的左后肢，右手抓住左侧膝褶，向前摆动猪的头部，将猪右侧卧地，立即用右脚踩住猪左侧颈部，将左后肢向后伸展，使猪的后躯转为仰卧姿势，并以左脚踩住其左后肢跖部或球节。在左侧倒数第2～3对乳头外侧2～3厘米处，消毒，使管状刀与皮肤呈45°左右的角度，直接将皮肤、肌层、腹膜捅开，进入腹腔，稍加转动，子宫角挤出。然后应用柳叶刀挑法将两侧卵巢、子宫角和子宫体取出后钝性摘掉。用碘酊消毒伤口，提起后肢稍加摆动，使肠管回位，手术完成。注意去势前应禁饲一顿。

（三）猪阉割后的继发症

1. 腹疝及肠嵌顿

（1）腹疝 是常因切口过大或创口缝合不确定，或因腹压过大，而肠管脱出于皮下，形成腹疝。患部膨隆突出，触诊内容物柔软，听诊可闻肠蠕动音，压迫肿胀部时，疝囊内容物可以缩回腹腔。

（2）肠嵌顿 是母猪阉割后，多因腹膜未缝合，或因术后吃的过饱，或因吼叫时腹压突然增大而造成。有时因缝合创口时，不慎将肠管部分缝于创缘而造成肠狭窄和粘连。病猪不安，厌食、呕吐、排粪较少，有时继发肠臌气，时间长的肠管坏死，不及时处理，最后导致死亡。肠管与疝囊壁粘连时，疝内容物不能还纳回腹腔。此时局部肿胀，时有轻度腹痛，全身症状多不重剧。

（3）预防 在用小挑法阉割母猪时，力求部位准确，创口不宜过大，以免肠管脱出。如切口过大时，可将腹膜及皮肤创口进行适当缝合。在采用大挑法阉割时，其腹膜创口应做到确切缝合，并在缝合时将腹膜提起，以防止缝住肠管，避免腹疝及肠粘连的发生。

（4）治疗 发现猪只有呕吐、厌食、患部膨隆等症状时，应及时行第二次手术。患猪行横卧或仰卧保定，局部剪毛消毒，然后用0.25%普鲁卡因15～20毫升做局部浸润麻醉，拆除原有缝线或重做切口，(可行皱襞切开，以免损伤肠管）。发现脱出的肠管时，首先应鉴别肠管是否粘连，坏死等。如有粘连，先行钝性分离后送入腹腔；如发现肠管坏死时，应切除坏死部分，进行肠管断端吻合术，然后纳入腹腔，疝环可做纽孔状缝合，撒布磺胺粉，皮肤结节缝合。

2. 术后出血　公猪阉割后，精索捻转不充分或结扎不确实，常造成术后出血。如由于阴囊皮肤毛细血管出血，而血液从创口点滴状向外流出，并时间较短，这是正常现象，一般不需处理。但是，手术后血液从创内呈线状向外流出，并且时间较长，其血液颜色呈鲜红色，此为精索动脉出血。此种出血一般不易自然止血，需及时进行处理。

发现出血不止时，肌内注射仙鹤草素 5～10 毫升或安络血 5～10 毫升。用灭菌纱布浸以 0.1% 肾上腺素，塞入阴囊内，过 1 天后（次日）取出，即可止血。也可用长镊子或止血钳子找出精索断端之血管，然后重行结扎或烧烙止血。

3. 创口感染　猪阉割后的创口，一般经 5～7 天均取第一期愈合，但在阉割时，操作不按规程进行，消毒不严，术后护理不当和猪舍污染等，出现肿胀、创液流出、化脓、组织坏死，并伴有明显疼痛，精神沉郁，食欲减退，体温升高。当被厌气性细菌感染时，如恶性水肿等，全身症状更为严重。

创口感染治疗原则是控制创口及其周围组织急性炎症，促使创内肉芽组织健康生长。常用方法是用 10% 氯化钠溶液，生理盐水或 1∶1 000 雷佛奴尔溶液冲洗伤口；创口处撒布磺胺粉、1∶9 碘仿硼酸粉、1∶9 碘仿磺胺粉或涂布松碘流膏等；肌内注射青霉素、链霉素或磺胺类药物等抗生素。

4. 精索炎及精索瘘　本病为公猪势后常见的继发病，主要是由于阉割时消毒不严、切口部位过高、精索残留过长、精索断端有结扎线感染、圈舍不洁感染创口而发生。创口周围组织红肿，甚或长期不愈而形成瘘管，精索粗硬，呈索状肿胀，阴囊肿胀久不消失，不断流出脓性或恶臭分泌物。常用方法是清除创内坏死组织或结扎线头，用 3% 双氧水注入于阴囊腔内冲洗，数天后即可愈合。对重症者，必须切开阴囊，清理内部坏死的鞘膜、精索及其他组织后，撒入磺胺粉。出现全身症状，应用青霉素、链霉素，应用磺胺类药物时首次剂量加倍，以后使用维持量。

第四章 猪场消毒及无害化处理技术

一、猪场防疫消毒技术

（一）消毒的种类

1. 预防消毒 为防止猪发生传染病，确保饲养管理人员的安全，定期对猪场进行消毒或在猪场周围发生疫情受到威胁时，配合一系列的兽医防疫措施所进行的消毒，称为预防消毒。预防消毒是预防传染病的重要措施。

2. 临时消毒 在非安全地区整个非安全期间内，以消灭由病猪所散布的病原为目的而进行的消毒。临时消毒的对象有病猪停留过的圈舍，病猪的各种分泌物和排泄物，剩余饲料，管理用具，以及管理人员的手、鞋、口罩和工作服等，这种消毒集中在猪发病的地方进行。

3. 终末消毒 为了彻底地消灭传染病的病原体，在猪群发病后，解除封锁前，而进行的最后消毒，称为终末消毒。进行终末消毒时，首先是清扫猪舍，清扫前用消毒液喷洒。终末消毒所用的消毒剂和临时消毒应用的消毒剂相同。水泥地面，要用消毒液仔细刷洗，土、泥地则深翻地面，撒上漂白粉（0.5 千克 / 米^2），然后洒水湿润、压平。多数情况下，终末消毒只进行 1 次。要对病猪周围的一切物品、圈舍及痊愈猪体表进行全面消毒。

（二）消毒的方法

1. 物理消毒法

（1）日光 利用日光消毒是最经济的，猪场的一些设备、用具如食槽、清粪车、铁锹和工作服等，以及开放式猪栏地面、围墙等可利用日光消毒。但是日光的消毒作用，由于受许多因素影响，在消毒工作中日光仅能起辅助作用，而不能单独应用。日光的辐射能是由不同长度的光波所组成，对生物有机体具有复杂的综合作用，对生物有机体引起化学与物理变化的性质，依波长而不同。日光的波长通常以长度单位——埃来表示，杀菌力最强的是2 000～3 000埃的光线。

（2）干燥 干燥能使微生物水分蒸发，故有杀灭微生物的作用，效果次于日光；由于各种微生物因干燥而死亡的时间，各有不同，要合理使用。

（3）高温 高温消毒是应用广泛的消毒方法。高温能使微生物体内蛋白质包括酶类变性、凝固。蛋白质含水量越高，凝固温度越低，所以湿热比干热消毒效果好。芽胞对温热的抵抗力比繁殖体大得多，一方面是因为芽孢含水量少，另一方面可能是因为芽孢中酶与蛋白质有牢固的结合而不易变性。高温消毒的方式包括煮沸、加压蒸汽、干热空气和火焰。

①*煮沸* 沸水是一种经济，方便、应用广泛、效果较好的消毒剂，大部分病原微生物的生长型，在温度60℃～80℃的热水中，半小时内死亡；芽孢型一般也仅能耐受煮沸15分钟。煮沸持续1～2小时，可以很有把握地消灭一切传染病的病原微生物。主要应用于金属器具、木质器具、玻璃器皿、棉织品衣物等煮不坏的物品。应用笼屉或流动蒸汽消毒器的蒸汽消毒，其效果同于煮沸。

提高煮沸消毒效果的措施：一是水面应超过受消毒的物品；二是水中加入1%～2%碳酸钠，提高金属器械消毒效果，并能防止生锈；三是水中加入1%磷酸钠溶液，能够溶解外科器械上的脂肪，

除去油脂；四是对器械煮沸消毒时同时用刷子刷洗，可提高消毒效果。

②加压蒸汽　这种消毒用高压消毒器进行，为最有效的消毒法。通常121℃（1千克/米^2）加热30分钟，即可彻底地杀灭细菌和芽孢。所有不因湿气而损坏的物品，如培养基、溶液、外科敷料、玻璃器材、金属器械；微生物培养物，病料、动物尸体等，都可应用此法消毒。为了不使被灭菌、消毒的物品有所损坏，须注意消毒过程的时间与温度，两者可根据需要而变更：增高温度可缩短时间，延长时间可降低温度。

高压消毒器使用过程中应注意：一是压力最高不得超过锅炉检查所允许的压力；二是注意量水玻璃管的水位；三是要有专人负责看管，不得离开岗位。

③干热空气　干热空气的杀菌作用，常用烤箱，广泛用于玻璃器皿消毒，在效力上显然较水蒸气差，160℃干热空气1小时的效果，相当于121℃湿热作用10～15分钟。一般细菌繁殖体在100℃90分钟灭死，芽孢则需140℃3小时，因此通常采用160℃～170℃2～3小时灭菌。

干热空气消毒注意：一是烤箱内器皿的排列不可太挤，因干热空气穿透力小；二是在实际操作中，加温或冷却都要缓慢地进行，以防器皿破裂。

④火焰　火焰消毒是最彻底而简便的方法，包括燃烧、烧灼。

燃烧：兽医实际工作中，燃烧常用于烈性传染病的尸体，不值钱的被污染物品，病猪粪便及其他排泄物的消毒。如把器械浸入3份酒精、1份40%甲醛配成的混合液中，然后烧燎，则效果较好。燃烧消毒时把酒精倒在器械上，然后点燃进行消毒，常达不到理想的消毒效果。

烧灼：烧灼常用的工具是火焰喷灯和酒精灯。火焰喷灯常用于生产中金属工具如铁锹、铁叉、铁链、清粪车车身，食槽及围栏等物品的消毒，也用于水泥地面、围墙、围栏的消毒。酒精灯主要用

于实验室中对铂环、铂丝、玻璃棒，载物玻片、盖玻片、瓶口、管口、刀子、剪子、针头等小的玻璃与金属物品的消毒。

火焰消毒也有很大的缺点，燃烧可将物品毁掉，烧灼将多数细小锋利的器械如刀、剪、针头等使钢剥脱，甚至不能再利用。

（4）**紫外线**　紫外线消毒是猪场消毒室和实验室无菌操作室常用的一种消毒方法。紫外线是一种人眼看不见的辐射线，它的波长在136～3 900埃。一般用于消毒灭菌的紫外线是指2 000～3 000埃波长的紫外线，而最有效的紫外线为2 650埃波长。通常消毒应用的是低压汞气灯的射线，85%是位于汞的共振线2 537埃上，这种波长与2 650埃极其相似，故具有很强的杀菌作用。紫外线对酶类、毒素、抗体等都有灭活作用。

影响紫外线的消毒效果的因素：一是紫外线灯本身的质量，安装的数量、方式和位置。紫外线灯要选择质量好的；安装的数量符合0.05～50毫瓦·秒/米^2；安装方式一般以直射式为好，互相垂直，紫外线灯距离被消毒物体1.5米内。由于紫外线不能照射到整个房间的每个角落，因此实验室无菌操作间空气消毒除使用紫外线外，还应使用其他消毒法。二是病原体的耐受性。溶血性链球菌、白色葡萄球菌、沙门氏菌、狂犬病毒、流行性感冒病毒等对紫外线最敏感。柠檬色葡萄球菌等中等敏感的有，黄色八叠球菌。大肠杆菌及结核杆菌等耐受力最强。细菌对紫外线的敏感性随菌龄而有变化。菌体处于分裂阶段最敏感，这与菌细胞原浆分散状态的改变，原浆水分的丧失，尤其是胞膜变厚很有关系。酵母菌，霉菌和细菌的孢子对紫外线的耐受力比其营养体和繁殖体要大。三是环境条件。环境包括温度、灰尘、微生物所处的环境。温度在10℃～55℃时，对紫外线灯灭菌作用无显著影响，但在4℃以下则完全丧失灭菌作用。空气相对湿度在45%～65%时，照射3～4小时可使空气的细菌总数减少80%以上，但相对湿度在80%～90%时，灭菌效率降低30%～40%。空气含尘率每立方厘米中含有800～900微粒时，可降低灭菌率20%～30%。紫外线的杀菌作用还取决于微生物所处的环境，在酸性介质中的杀菌作用比在碱性介质中强。在富有蛋白质的基质中，细菌对紫外线有很大的耐受力。

2. 化学消毒法 应用化学药品进行消毒的方法为化学消毒法。具有杀菌作用的化学药品，可以影响细菌的化学组成、菌体形态和生理活动等。不同的化学药品对于细菌的作用也不一样，有的使菌体蛋白质变性或沉淀，有的能阻断细菌代谢的某些环节，因而呈现抑菌或杀菌作用。化学消毒剂有气体、液体及固体，最常用的是液体化学消毒剂。

（1）常用的化学消毒剂

①醛类 醛类能使蛋白质变性，杀菌作用较强。常用的醛类消毒剂有甲醛与戊二醛，此类消毒原理为一种活泼的烷化剂作用于微生物蛋白质中的氨基、羧基、羟基和巯基，从而破坏蛋白质分子，使微生物死亡。对皮肤、黏膜有刺激和固化作用。经消毒或灭菌的物品必须用灭菌蒸馏水将残留的消毒液冲洗干净后才可使用。

甲醛：本品为无色或几乎无色的透明液体，有刺激性臭味，能与水或乙醇任意混合。在气态或溶液状态下，均能凝固蛋白和溶解类脂，还能与蛋白质的氨基结合而使蛋白变性。因此，具有强大的广谱杀菌作用。对细菌繁殖体、芽孢、真菌和病毒均有效。5%甲醛酒精溶液，可用于术部消毒。4%～8%甲醛溶液，可作喷雾、浸泡消毒。10%～20%甲醛溶液可用于治疗蹄叉腐烂。含甲醛40%溶液又称福尔马林，可用于熏蒸消毒，方法是猪舍28毫升/米^{3}甲醛溶液，加等量水，然后加热，或加高锰酸钾（14克/米^3）使甲醛变为气体。熏蒸消毒必须有较高的室温和相对湿度，一般室温不低于15℃，相对湿度应为60%～80%，消毒时间为8～10小时。甲醛气体消毒的缺点是易在物体表面凝固成薄层，此聚合物没有穿透性杀菌作用。

戊二醛：气味较少，杀菌作用较甲醛强2～10倍，渗透能力强，对任何细菌、病毒、真菌及顽固的芽孢等都有极强的杀灭作用，但对碳钢制品有一定的损害，可用于环境及猪体表的消毒，还

可用于熏蒸消毒，因其不宜在物体表面聚合，故效果优于甲醛。

②季铵盐类　季铵盐类消毒剂是一种离子表面活性剂，属于合成的有机化合物，有单链季铵盐和双链季铵盐两种。

单链季铵盐：属阳离子表面活性剂，无刺鼻味、药性温和、安全性高、腐蚀性低，对畜禽伤害低，对细菌病毒杀灭力尚可，但渗透力差，当有机物存在时，效力会大打折扣；双链季铵盐在阴、阳离子部位均具有杀菌能力，具有单链季铵盐的一系列优点，且杀菌能力较单链季铵盐强，但渗透力差。此类消毒剂可用于带猪消毒，亦可用于猪舍空栏、洗手、用具、运输车辆、食槽等的消毒。

新洁尔灭：淡黄色胶状液，易溶于水，呈碱性反应，性质稳定。消毒效果受有机物、水质、拮抗物等很多因素影响。不能与肥皂、洗衣粉同时使用。不宜用于粪便的消毒。

③卤素类　卤素类中，能作消毒防腐药的主要是氯、碘以及能释放出氯、碘的化合物。它们能氧化细菌原浆蛋白活性基团，并与蛋白质的氨基结合而使其变性。

含氯消毒剂：杀菌谱广，对细菌繁殖体、病毒、真菌孢子及细菌芽孢都有杀灭作用，但挥发性大，有氯气的臭味，对黏膜有刺激性，一般都不宜久存。可用于饮水消毒，亦可用于畜禽舍、用具、运输车辆、手部等的消毒。这类消毒剂包括无机氯化合物（如次氯酸钠、次氯酸钙、氯化磷酸三钠）、有机氯化合物（如二氯异氰尿酸钠、三氯异氰尿酸、氯铵 T 等）。

漂白粉：主要有效成分为次氯酸钙，其杀菌作用决定于次氯酸钙中含的有效氯的量，一般以有效氯含量≥ 25%为标准。由于次氯酸钙性质不稳定，使用时应进行测定，有效氯含量低于 25%不能使用。漂白粉主要用于饮水、污水、排泄物及其污染环境的消毒，潮湿地面消毒可用粉剂，用量 20～40 克 / 厘米 ^{2}，不适宜对衣服、纺织品、金属品和家具进行消毒。

含碘制剂：杀菌谱广，对细菌芽孢、病毒、原虫、真菌等的杀灭效果佳。对黏膜刺激性小、毒性低，容易见光分解。常用的主要有碘酊、碘附等。含碘制剂常用于对皮肤、伤口消毒，也可用于带猪消毒，猪舍空栏、手部、用具、运输车辆等的消毒。

④碱类　在室温中，碱类消毒剂能水解蛋白质和核酸，使细菌的酶系统和结构受到损害，使病原微生物死亡。常用的碱类消毒剂有烧碱和生石灰等。

烧碱：化学名氢氧化钠，是一般养猪场最常用的消毒剂，价格低廉、稳定性好，能迅速渗入猪舍栏缝及粪尿等有机物中，具有膨胀、去污作用，能达到清洁兼杀灭细菌、病毒、虫卵的功用，多用于养猪场办公区、生产区的人员、车辆出入口和圈舍入口，因其腐蚀性强，带猪不能使用，只能应用于空栏消毒。

生石灰：主要成分为氧化钙，是一种价格低廉的碱性消毒剂，具有吸湿、除臭、杀菌的功能，多使用在易潮湿的猪舍、猪栏的死角位置，养猪场办公区、生产区的人员、车辆出入口或掩埋病死猪尸体时覆盖消毒杀菌等；配制成20%石灰乳可用于圈舍围墙、空栏消毒。

⑤氧化剂　能放出游离氧或使其他化合物放出氧，起到杀菌作用，杀菌能力决定于氧化作用。常用的有过氧乙酸、过氧化氢、二氧化氯与臭氧等。

过氧乙酸：过氧乙酸杀菌谱广，杀菌能力强，使用广泛，对细菌芽孢、病毒、真菌等均具杀灭效果，但有刺激性酸味，易挥发，有机物存在可降低其杀菌效果，对猪栏有一定的腐蚀性。常用于浸泡、喷洒、擦抹、喷雾等的消毒，也可用于空栏消毒。它们的优点是消毒后在物品上不留残余毒性。过氧乙酸也可用于熏蒸，用量1～3毫升/米^3，关闭门、窗，熏蒸30分钟。

⑥酚类　多为煤炭或石油蒸馏的附属品，也可以合成。常用的有皂化煤馏油酚（来苏儿）、煤馏油酚（克辽林）。此类消毒剂具有特殊的气味，有腐蚀性，渗透力强，价格低廉，不受有机物的影响，对一般的真菌、细菌有效果，但对病毒、梭菌的芽胞杀灭力不强。一般适用于门口、水泥砖砌的猪舍空栏、水沟及堆肥场的

消毒。

来苏儿：红棕色黏稠液体，有酚臭，是甲酚和钾肥皂的复方制剂，主要成分为甲基苯酚。溶于水，性质稳定，可杀灭细菌繁殖体与某些亲脂病毒，常用于临床消毒、防腐。

⑦醇类消毒剂　醇类具有脱水作用，醇分子能进入蛋白质肽链的空隙内，因而使菌体蛋白质凝固、沉淀，可杀灭细菌繁殖体，破坏多数亲脂性病毒。最常用的是乙醇和异丙醇。消毒效果受有机物影响。

乙醇：又称酒精，常用的酒精浓度为70%～75%。

（2）影响消毒作用的主要因素

①药物的选择性　某些化学消毒药的杀菌、抑菌作用有其选择性，如碱性染料对革兰氏阳性菌的抑菌力较强；一般碱性消毒剂用于酸性对象最有效，氧化剂用于还原性质的对象最有效；腐蚀性和毒性强的消毒剂，如升汞，由于腐蚀强，在应用上受很大限制，实际应用中必须注意。

②微生物性状　微生物的类属、特殊构造（如细菌芽孢，荚膜）、化学成分，生长时期和浓度等，都对消毒剂作用有影响。

③药物性状　药物性状包括药物浓度、物理状态。化学消毒剂的消毒效果一般在正常浓度范围内与浓度呈正比，即消毒剂浓度越大，其消毒效力越强。消毒剂的使用应严格按照说明进行。消毒剂只有成为液体状态才能进入菌体与原生质接触。固体消毒剂必须溶于被消毒部分的溶液中，气体必须溶于细菌周围的液层中，才能呈现杀菌作用。

④环境　环境包括温度、卫生状况和溶液酸碱度。温度增高，杀菌作用加强。环境中有机物的存在，可使许多药物的杀菌作用大为降低。有机物特别是蛋白质能和许多消毒剂结合，降低药物效能。有机物被覆菌体，妨碍药物接触，对细菌起了机械的保护作用。因此，对于分泌物、排泄物的消毒，应选用受有机物影响较小的消毒剂。碱性溶液中，细菌带阴电荷较多，所以阳离子型去污剂

和碱性染料的抑菌、杀菌作用较强；酸性溶液中，则阴离子型去污剂杀菌效果较好。同时，酸碱度也能影响某些消毒剂的电离度，一般说，未经电离的分子，较易通过菌膜。

⑤接触时间　细菌与消毒剂接触时间越长，细菌死亡越多。杀菌所需时间与药物浓度也有关系，浓度增高则所需杀菌时间缩短。

3. 生物学消毒　生物学消毒法就是利用粪便在堆沤过程中由于微生物发酵产热（堆内温度达到70℃以上），杀死抵抗力不强的病毒、细菌（芽胞除外）和寄生虫虫卵等病原体，从而达到消毒目的。生物学消毒法主要用于粪便的杀菌消毒和病死猪尸体的无害化处理。

（三）消毒前的准备

1. 确定消毒时间　按照猪场的消毒规程和当前周围环境因素，确定消毒时间。

2. 确定消毒方法　根据天气气候、消毒对象和消毒药的不同，选择不同的消毒方法。如喷洒、雾化、熏蒸、暴晒和灼烧等。

3. 消毒药品准备、领取　根据气候、消毒对象、圈舍的温度、潮湿度等确定使用消毒药品，如气候湿度大、圈舍潮湿选择粉状消毒剂，或使用火焰消毒方法；圈舍温度低不选福尔马林熏蒸消毒；带猪消毒选用新洁尔灭等刺激性小的消毒剂。根据需要做出计划，准备消毒药品。领取药品时，要检查药品的包装、批号、有效期。然后填写领取单，包括消毒剂名称、有效期、外包装的完整程度和领取时间等。

4. 消毒用具准备　需要准备的消毒用具包括喷雾器、冲洗机、火焰喷灯、雾化器，熏蒸消毒使用的器具。

5. 防护用品的准备　消毒药品基本上是有毒有刺激性的物品，对病原体杀灭的同时，对工作人员也会造成一定程度的伤害，所以消毒的同时，做好对人的保护。防护用品根据需要准备，包括一次性防护服、一次性医用口罩、一次性乳胶医用手套、工作服、工作

帽、雨鞋、医用护眼镜等。

（四）猪舍消毒

1. 猪群转出后的消毒

（1）全进全出式猪舍消毒　猪群转出后，不留死角，彻底清扫，包括地面、围栏、墙壁、屋顶、食槽和用具等，清扫后将电源插座用防水布包好，用2%～3%火碱溶液浸泡地面、围栏、食槽和用具等，1～2小时后，高压水枪冲洗，污染严重的，须再用刷子刷洗，干燥后，从猪舍屋顶开始，顺墙壁、围栏、地面喷洒消毒剂，每立方米300毫升，湿润30分钟。

密闭猪舍消毒剂喷洒后再用高锰酸钾和40%甲醛熏蒸（40%甲醛28毫升/米^3，水10毫升/米^3，高锰酸钾14克/米^3）消毒，猪舍温度保持在15℃～20℃，24小时后开窗通风。

开放式猪舍消毒剂喷洒后再用汽油喷灯或液化气喷灯进行火焰消毒。

（2）流水式管理的猪舍消毒　猪群转出后，不留死角，彻底清扫所空出的栏位，包括地面、围栏、食槽，以及猪舍污道、净道、粪沟等，水管冲洗，污染严重的，须用刷子刷洗，干燥后，喷洒消毒剂。

2. 猪群转入前的消毒

（1）转群前猪舍已消毒　猪群转入前，不留死角，彻底清扫，包括地面、围栏、产床、保育床、墙壁、屋顶、食槽和用具等，高压水枪冲洗，干燥后，从猪舍屋顶开始，顺墙壁、围栏、地面喷洒消毒剂，每立方米300毫升，湿润30分钟，干燥后进猪。

（2）转群前猪舍未消毒　猪群转入前，不留死角，彻底清扫，包括地面、围栏、产床、保育床、墙壁、屋顶、饲槽和用具等，清扫后将电源插座用防水布包好，用2%～3%火碱溶液浸泡地面、围栏、食槽和用具等，1～2小时后，高压水枪冲洗，污染严重的，须再用刷子刷洗，干燥后，从猪舍屋顶开始，顺墙壁、围栏、地面喷洒消毒剂，每立方米300毫升，湿润30分钟，地面干燥后进猪。

（3）注意事项

①用气味较重消毒剂如用臭药水、来苏儿等消毒后，放饲料和饮水前要将食槽和饮水器用清水冲洗干净，否则影响猪的食欲。

②用腐蚀性强的消毒剂如火碱、生石灰水消毒后，进猪前一定要用清水冲洗干净地面、围栏、食槽，防止对猪引起伤害。

（五）产床、保育床消毒

1. 猪群转出后 将产床上的保温箱，垫板等卸掉，产床、保育床彻底清扫，将电源插座用防水布包好，用2%～3%火碱溶液浸泡床面，保温箱，垫板等，1～2小时后，用刷子刷拭，高压水枪冲洗，干燥后，喷洒消毒剂，每立方米300毫升，湿润30分钟。

2. 猪群转入前 彻底清扫，高压水枪冲洗，粪污严重的，须再用刷子刷洗，干燥后，喷洒消毒剂，每立方米300毫升，湿润30分钟，地面干燥后进猪。

（六）人员消毒

1. 工作人员的消毒

（1）进入办公生活区人员的消毒 经过消毒通道，紫外线或消毒液雾化消毒15分钟，脚踏浸过消毒液的消毒垫或盛有消毒液的消毒池，手、臂用百毒杀或新洁尔灭等消毒剂消毒，更换衣服、鞋帽。

（2）进入生产区人员的消毒 经过消毒通道，紫外线或消毒液雾化消毒15分钟，脚踏浸过消毒液的消毒垫或盛有消毒液的消毒池，洗澡，更换衣服、鞋帽。

（3）进入猪舍前的消毒 猪舍门口放置消毒盆，里面盛有对皮肤刺激性小的消毒液（如新洁尔灭等），设置一个消毒池或放置一个消毒桶，里面放有消毒液，工作人员进入前双手和所穿的鞋在消毒盆和消毒池（桶）中浸泡消毒，然后进入猪舍。

2. 非工作人员的消毒

（1）进入办公生活区人员的消毒　经过消毒通道，紫外线消毒剂雾化消毒15分钟，脚踏浸过消毒液的消毒垫或盛有消毒液的消毒池，洗澡，更换衣服、鞋帽。

（2）进入生产区的人员的消毒　非本场生产工作人员一律不准进入生产区。如特殊情况需要进入。经过消毒通道，紫外线或消毒剂雾化消毒15分钟，洗澡，更换防护服。

（3）进猪舍前的消毒　猪舍门口放置一个的消毒盆，里面盛有对皮肤刺激性小的消毒液（如新洁尔灭等），设置一个消毒池或放置一个消毒桶，里面放有消毒液，非本场生产工作人员进入前双手和所穿的鞋在消毒盆和消毒池（桶）中浸泡消毒，然后进入猪舍。

3. 生产区工作人员工作后消毒　为了防止将本猪场的病原微生物带出扩散，生产区工作人员工作后，经消毒池消毒，洗澡更换衣服、鞋帽，出生产区。

（七）场区消毒

1. 猪场办公生活区消毒　彻底清扫，用2%～3%火碱溶液或其他消毒液喷洒。每月1～2次。

2. 猪场生产区消毒　彻底清扫，用2%～3%火碱溶液或其他消毒夜喷洒。每周1次。

3. 猪场生产区污道消毒　清扫后用高压水枪冲洗，干燥后用2%～3%火碱溶液或其他消毒夜喷洒。每日1次。

4. 粪场消毒　将粪便堆积，周边清扫后用高压水枪冲洗，干燥后用2%～3%的火碱溶液喷洒消毒。

5. 隔离区消毒　清扫后用高压水枪冲洗，干燥后用2%～3%火碱溶液或其他消毒夜喷洒。如饲养隔离的病猪，每日1次。

（八）车辆的消毒

1. 进入办公生活区　整车（车身、车厢、车轮）和车载物品彻底清扫，冲洗，消毒剂喷洒消毒。轮胎经消毒池消毒。司机经消毒通道消毒后进入场区。

2. 进入生产区　非本场车辆一律不准进入生产区；运载过本场以外的猪的车辆一律不准进入本场内。需要进入的整车（车身、车厢、车轮及车载物品）清扫，冲洗，消毒剂喷洒消毒，驾驶室喷雾消毒，不能进行喷洒消毒的物品，要经紫外线消毒，轮胎经消毒池消毒。司机经消毒通道消毒后再进入驾驶室开车进入。

（九）食槽、生产工具的消毒

能够拆卸的食槽，拆卸后清水清洗，消毒剂浸泡或经太阳暴晒，清洗后待用。固定食槽，清水清洗，消毒剂浸泡，清洗，用消毒毛巾擦干后待用。

生产工具如清粪车、铁锹、刮粪铲、喂料用具等，清洗后消毒液浸泡或暴晒。

（十）卸猪台、走廊的消毒

每次猪销售后，卸猪台、走廊、称猪磅等场地清扫，高压水枪冲洗，用2%～3%火碱溶液或20%生石灰乳消毒。装猪、赶猪的人员不接触买猪人、车，经对鞋，手消毒后进入生产区。装猪、赶猪的人员与买猪人、车有接触，需重新经过消毒通道消毒，洗澡，更换衣服、鞋帽，方可进入工作区。

（十一）病死猪污染场地消毒

移出病死猪，2%～3%氢氧化钠热溶液或20%生石灰乳浸泡场地。清水冲洗，干燥后根据疾病的性质，选用2%～3%氢氧化钠热溶液、20%生石灰乳或5%漂白粉等消毒液消毒。1周后方可进猪。

二、猪场免疫接种技术

免疫是机体接触抗原性异物后所产生的一种在本质上属于生理性的反应。抗原是指所有能激活和诱导免疫应答的物质，通常指能被 T、B 淋巴细胞表面特性抗原受体识别及结合，激活 T、B 细胞增殖、分化、产生免疫应答效应产物，并与效应产物结合，进而发挥适应性免疫应答效应的物质。抗体是免疫系统在抗原刺激下，由 B 淋巴细胞或记忆 B 细胞增值分化成的浆细胞所产生的、可与相应抗原发生特异性结合的免疫球蛋白，主要分布在血清中，也分布在组织液、外分泌液及其某些细胞表面。

（一）建立免疫程序

免疫程序就是猪场根据本场生产特点，疫病流行情况、猪群健康状况、猪体内抗体消长规律和各种疫苗免疫特性，以及当地疾病流行情况，合理制定的猪群接种疫苗种类、顺序、时间、次数、剂量、方法和时间间隔等规程和次序。不同传染病的免疫程序一般也不相同，每种传染病免疫程序组合在一起就构成了猪场的综合免疫程序，而每个传染病免疫程序的改变往往会影响到其他传染病的免疫程序。每个猪场的实际情况不尽相同，所以每个猪场的免疫程序也不尽相同，不能照抄照搬。

1. 确定预防免疫的疾病

（1）国家强制免疫的疾病，如猪瘟、口蹄疫和高致病性猪蓝耳病。

（2）对猪群危害较大且没有有效的治疗方法的疾病，如伪狂犬病、猪繁殖与呼吸综合征、日本乙型脑炎、猪细小病毒病、猪圆环病毒感染、猪流行性腹泻、猪传染性胃肠炎等。

（3）对猪群危害较大且治疗效果不理想的疾病，如仔猪副伤寒、猪丹毒、猪肺疫、副猪嗜血杆菌病、猪传染性萎缩性鼻炎、猪气喘病、仔猪黄白痢、猪链球菌病等。

2. 制定免疫程序应考虑的因素

制定免疫程序应考虑的因素包括猪场所在地疫病流行情况以及严重程度；机体内抗体的消长规律；机体的免疫应答能力；疫苗的种类和性质；免疫接种的方法和途径；各种疫苗的配合；疫苗对猪群健康、生产性能的影响程度。免疫程序是一个相对固定的程序，但不是一成不变，应根据疫病监测结果和当地的实际情况，进行修改、补充和完善。

（二）免疫前的准备

1. 确定免疫接种时间 按照本场的免疫程序和现阶段的特殊情况确定免疫接种时间。

2. 核定猪群类型、猪群数量 认真统计本次进行免疫接种的猪群类型、猪群数量不得遗漏。

3. 确定免疫接种途径和方法 根据疫苗的性质特点、猪群类型等确定免疫接种途径和方法。

4. 器具、药物的准备 根据免疫接种途径和方法确定需要准备的器械和药物，如注射器、针头、剪毛剪、镊子、猪保定器、挡板，拌料和饮水需要的容器，消毒用的药物如75%酒精棉、5%碘酒、消毒剂，抗应激用的盐酸肾上腺素等。

5. 防护用品的准备 给猪群进行免疫接种的同时，做到对人的保护，防止免疫的同时，对人造成伤害。准备的防护用品有一次性防护服、一次性医用口罩、一次性乳胶医用手套、工作服、工作帽、雨鞋、医用护眼镜等。

6. 器具的消毒 免疫所用的注射器、针头要清洗后高压消毒或蒸煮消毒。拌料和饮水需要的容器使用前要清洗、消毒（消毒剂消毒、火焰消毒或暴晒消毒），消毒剂消毒后，再用清水冲洗，方可进行拌料和饮水。

7. 疫苗领取、检查 按照免疫计划领取所需疫苗，领取时对疫

苗进行认真检查。首先检查存放疫苗的冷库、冰箱运转是否正常，再检查疫苗名称与本次免疫所需疫苗是否一致、是否过期、有无破损、液体有无分层等，然后填写领取单，包括疫苗名称、有效期、外包装的完整程度、油剂和水剂疫苗分层情况和领取时间等。

8. 人员的准备　免疫接种人员原则上各类猪群的饲养员配合即可，但是、免疫接种是一项细致、量大的工作，需要保定、吸药、更换针头、消毒和注射等程序，尤其是成年公、母猪的保定，需要其他饲养人员帮助时，应提前通知，合理安排。

（三）免疫接种的方法

按照使用说明，选择免疫接种方法，免疫接种方法主要有注射和口服。

1. 注射　包括肌内注射、皮下注射、穴位注射和胸腔注射等。注射器吸取疫苗前要将其调到抽吸自如、不漏气的状态，吸取疫苗注射前，要将注射器内的空气排净。注射后缓慢拔出针头。

2. 口服　包括直接灌服、饮水和拌料。

（1）直接灌服　将疫苗用注射器或专用器械直接灌注到口腔内。把猪保定，打开口腔，用开口器固定，将装有疫苗的注射器或专用器械伸入口腔，压住舌根，缓慢注入，等确认咽下再解除保定。

（2）饮水　将疫苗按照说明配入水中，倒入食槽。猪群饮水免疫前停水 1 顿，食槽放水前一定要将食槽内清洗干净，食槽的长度要保证每头猪同时都能喝到标准的免疫剂量。饮水后将食槽彻底消毒。

（3）拌料　将疫苗先倒入水中稀释，饲料取正常饲喂量的 1/3，放入干净、容易清洗消毒的容器中，然后倒入稀释好的疫苗，搅拌均匀。饲喂搅拌疫苗饲料的食槽长度要保证每头猪同时都能吃到标准的免疫剂量。用手搅拌饲料时，要带一次性乳胶手套，用完后做无害化处理。免疫后将稀释疫苗、搅拌饲料的器具和食槽彻底消毒。

3. 滴鼻 是使用专用工具将疫苗喷洒到鼻腔黏膜。

（四）疫苗注射部位

1. 肌内注射 部位一般选耳后、肩胛前缘或颈部肌肉丰满，且皮肤较薄处。

2. 皮下注射 部位一般选后肢股内侧、耳根后皮下。

3. 胸腔注射 部位在右侧胸壁，倒数第6～7肋间与坐骨结节向前做一水平线的交点（即“苏气穴”）。注射前需先剪毛消毒，左手将注射点处皮肤向前移动0.5～1厘米，再插入针，回抽为真空，缓慢注入药液，注射完后，抽出针头，消毒注射部位。要求用专用针头，否则长度不合适很容易造成失败。

4. 穴位注射 常见穴位注射为后海穴注射。后海穴在尾根腹侧面与肛门之间的凹陷处。根据猪个体大小，选用合适的针头。免疫注射时，针头与皮肤呈垂直，平稳刺入，稍向上推进。

（五）应激反应及处置

1. 应激反应 多数发生于免疫注射后，表现为气喘，呼吸困难，全身发红、发紫、苍白，呕吐，口吐白沫，肌肉震颤、僵直，盲目行走，摇摆，躺卧，四肢作游泳状，角弓反张。

2. 应激反应的处置

（1）免疫前工作

①检查被免疫猪群的健康状况，整个猪群出现精神沉郁、采食减少、体温升高等疑似不健康的要缓免，猪群中个别疑似不健康的要进行标记后暂不免，等恢复健康后再补免。

②提高饲料中优质蛋白质含量，提高免疫应答。

③饲料中添加维生素C、黄芪多糖、电解多维等。

（2）应激反应的处置

①皮下或静脉注射盐酸肾上腺素注射液，一次量，皮下注射0.2～1毫克，静脉注射0.2～0.6毫克。

②皮内或静脉注射地塞米松磷酸钠注射液，一日量4～12毫克。

（六）紧急接种

紧急接种是指在发生传染病时，为了迅速控制和扑灭疫情而对疫区和受威胁区尚未发病的猪群进行的紧急计划外免疫接种。

1. 免疫血清紧急接种　疫病发生后，使用免疫血清安全有效，但是由于其价格昂贵，用量大，免疫期短，如大批量的使用往往供不应求，在实际生产中很难普遍使用，一般只用于贵重猪品种。血清紧急接种要做到早发现，早使用，发病后期使用效果不佳。

2. 疫苗紧急接种　日常生产中是一种切实可行的方法，尤其对于急性传染病的控制，如猪瘟、口蹄疫等效果较好。

（1）在发病后受威胁的猪群中逐一检查，病猪或疑似感染的猪群隔离，不再进行紧急接种，临床正常的猪群逐一进行紧急接种。

（2）临床正常的猪群中很可能存在有处于潜伏期的猪只，这类猪群紧急接种后不能获得保护，反而促使其很快发病，所以紧急接种后短期内很可能发病数量骤增，未被感染的猪群获得了免疫力，得到了保护。

（七）免疫接种失败的原因

1. 疫苗因素　疫苗本身保护性能差，或具有一定的毒性；疫苗毒株与田间流行毒株的血清型或亚型不一致，或流行株的血清型发生了变化；疫苗选择不当或错用疫苗；疫苗保存、运输不当造成失效；不同疫苗之间的相互干扰。

2. 猪体本身的因素　猪体本身处于亚健康状态，存在免疫抑制性疾病，如圆环病毒病、猪瘟等。免疫后抗体效价达不到有效保护值。

3. 人为因素　免疫接种途径、方法错误；疫苗稀释、使用剂量不准确；免疫接种时间不及时；接种有遗漏；免疫接种的前后使用了抗生素、免疫抑制剂等药物。

（八）免疫接种注意事项

1. 购置疫苗要从经过国家 GMP 认证合格的厂家购置，或从有疫苗经营许可证的商家购买经过国家 GMP 认证合格的厂家生产的疫苗。

2. 免疫前要全面了解本场猪群的健康状况，当地疫病流行情况。如有健康问题或特殊情况要缓免，等恢复健康以后及时补种。每一次最好接种一种疫苗，如需接种两种以上的疫苗时，要考虑疫苗之间有无相互影响，如相互干扰有不利影响，不能同时使用。

3. 免疫接种严格按照免疫程序进行，如当地或场内有某种疫病流行，要根据实际情况及时调整免疫计划。本场需要接种新的疫苗或使用新厂家的疫苗，要进行小范围的试验，无不良反应后再进行使用。

4. 疫苗使用前要认真阅读说明，严格按说明使用，过期、破损、变质的一律不能使用；注射器、针头要严格消毒，一猪一针头，以防交叉感染。

5. 注射免疫时根据猪个体大小、膘情选择适宜的针头，将猪保定后逐一免疫，疫苗需要肌内注射的一定要注射到肌肉内，剂量一定要准确，切忌打飞针，避免遗漏；拌料免疫，一定要搅拌均匀，让每头猪采食规定的剂量；疫苗稀释后要在规定的时间内用完。

6. 与季节有关的疾病需要免疫时，免疫时间一定要选在发病季节前进行免疫。如猪乙型脑炎，蚊虫是病原体传播的主要媒介，夏季多发，所以每年的首免时间确定在蚊虫出现的前 1 个月。

7. 免疫接种前、后 1 周严禁使用免疫抑制剂，免疫细菌苗严禁使用抗生素，以确保免疫效果。

8. 免疫前后认真做好记录，如免疫日期、免疫猪群、疫苗生产厂家、生产日期、有效期、免疫的方法、剂量，免疫后猪群的反应及工作人员。

三、污染物无害化处理技术

（一）医疗废弃物的处理方法

1. 感染性废弃物与处理

（1）**感染性废弃物** 感染性废弃物，指携带病原微生物具有引发感染性疾病传播危险的医疗废物。如被病猪血液、体液、排泄物污染的物品，如棉球、棉签、手术引流棉条、纱布及其他各种敷料；一次性使用卫生用品、一次性使用医疗用品及一次性医疗器械；病原体的培养基、标本和菌种、毒种保存液；各种废弃的医学标本；废弃的血液、血清等。

（2）**感染性废弃物处理** 病原体的培养基、标本和菌种、毒种保存液等高危险废物，应当首先在产生地点进行压力蒸汽灭菌或者化学消毒处理，然后按感染性废物收集处理。

传染病病猪或者疑似传染病病猪产生的医疗废物，用塑料袋密闭包装，当日焚烧或深埋。

被病猪血液、体液、排泄物污染的物品应将锐器与其他物品分开，单独包装，其他物品用塑料袋密闭包装，当日焚烧或深埋。

2. 病理性废弃物与处理

（1）**病理性废弃物** 包括手术及其他诊疗过程中产生的废弃的猪组织、器官；病理剖检的组织、尸体；母猪流产/早产胎儿；病理切片后废弃的组织、病理腊块等。

（2）**病理性废物处理** 用塑料袋密闭包装，当日焚烧或深埋。

3. 损伤性废弃物与处理

（1）**损伤性废弃物** 包括医用针头、缝合针；各类医用锐器，包括解剖刀、手术刀、备皮刀、手术锯等；载玻片、玻璃试管、玻璃安瓿等。

（2）**损伤性废弃物处理** 焚化或消毒后深埋。

4. 药物性废弃物与处理

（1）药物性废弃物 包括废弃的一般性药品，如抗生素、非处方类药品等。废弃的细胞毒性药物和遗传毒性药物；废弃的疫苗、血液制品等。

（2）药物性废物处理 焚化处理，也可封存后深埋。玻璃安瓿可先碎后与锋利物一起处理。

（二）粪便处理

1. 直接还田 将粪便按照周围土地消纳量直接用于土地。因为猪的粪肥中含量最多是有机质，施入土壤后能够被分解成腐殖质，促团粒结构的大量形成，同时在微生物的繁殖和分解中，能够产大量的生长促进物质和氨基酸、活化酶类物质，保证土壤时刻处在健康的状态。这是以最低的投入获得最好社会生态效益的一种方法。但是，此方法最大的障碍，在于粪污臭味大、含水量高、氨气挥发量大等，很大程度上影响周边生态。

2. 粪便堆积发酵 是利用微生物好氧发酵粪便。选择粪便堆积发酵场地，硬化地面，搭建简易遮雨棚，硬化地面的面积根据饲养规模和贮存粪便的时间而定，以万头猪场为例，粪便堆积发酵 45 天，硬化地面不少于 300 米^2。具体做法是将粪便堆成长、宽、高分别为 10～15 米、2～4 米、0.5～2 米的条垛，气温为 20℃时需腐熟 15～20 天，期间需翻垛 1～2 次，以便供氧、散热和发酵均匀，此后静置堆放 1～2 个月即可完全腐熟，为加快发酵速度，可在垛内埋置秸秆或垛底铺设通风管。在发酵过程中微生物分解粪便中的有机质并产生 50℃～70℃的高温，可杀死病原微生物、寄生虫及其虫卵等。腐熟后的物料无臭，复杂有机化合物被降解为易被植物吸收的简单化合物，形成高效有机肥料。

3. 微生物活菌处理 将粪便平地堆积，或放入发酵槽，或装入塔式发酵厢，掺入酵母菌，或放线菌，或丝状真菌等微生物活菌处理粪便，经过微生物发酵处理后的粪污，能有效地清除其内含的病

菌、虫卵等等，使粪便得到净化、改善周边环境。微生物活菌处理的粪便，经干燥、粉碎后，加入定量的无机氮、磷、钾肥料，可制成一种新型的有机复合肥。

4. 建沼气池　利用沼气微生物进行厌氧发酵，分解粪污中的有机物，不仅能有效处理猪场产生的粪污，彻底解决粪污带来的环境污染问题，而且能改善周边地区的生态环境，同时产生的可再生能源大大降低了养殖场能源消耗量和养殖户的生活、养殖成本。沼气池产生的沼渣、沼液富含氮、磷、钾和有机质等，是很好的有机肥料，为无公害种植奠定了良好的物质基础。沼气池发酵后所产生的沼气，经过脱硫可作为炊用，如当地无多级利用条件时，可处理后作活性有机肥或作有机无机复合肥及液肥。

5. 人工湿地处理　通过人工设计、组合和改造，创造一个类似大自然的湿地的生态系统，是人类对自然生态系统认知深化而产生的一种新型处理水污和粪污的实用系统。

6. 液体存贮熟化　根据猪场所在地的实际情况，或按粪污存贮6个月设计存贮塘的容积，从下到上依次为铺设层膜（安全膜、底膜、浮动膜）。底膜是防渗的关键设施，安全膜为底膜防渗增加一层保障；粪污贮存于底膜和浮动膜之间，浮动膜上有少量通风口并配备雨水泵，实现雨水与粪污的分流。此方法实现存贮过程的相对密闭，减少液体部分在存贮过程中的氮损失，隔离粪污的恶臭污染及雨污分流，能够实现减量化、无害化、资源化和生态化的粪污处理及存贮要求。

（三）常用的病死猪无害化处理的方法

1. 深埋处理法

（1）现挖坑深埋处理法　是处理病死猪的常用、简便的方法。根据被掩埋病死猪数量多少个体大小确定所挖坑的大小，掩埋坑的深度应大于2米，坑的底部要求高出地下水位至少1米，掩埋物的顶部距坑面不得少于1.5米。掩埋病死猪前要在坑底洒漂白粉或生石灰，一般每平方米2千克左右。病死猪掩埋前应进行消毒，然后投入坑内，同时所有被污染的和疑似污染物一并入坑，先用40厘米厚的土层覆盖尸体，然后再放入未分层的熟石灰或干漂白粉，每平方米2～4千克，覆盖土层，厚度大于1.5米。深埋处理的地点选择远离居民区、水源地、草原及交通要道，位于主导风向的下方。

（2）**填埋井处理法**　在猪场生产区的下风向，根据猪场的实际情况建一个尸体井，井内和底部用混凝土建成。每次将病死猪填埋井内后，上层撒生石灰或漂白粉，封口，等尸体堆积至距池口1.5米处时，彻底封闭。

2. 焚烧处理法　焚烧法包括机械焚烧炉、回转窑、流化床和控制风式焚烧。机械炉排式焚烧法容量大、产烟气量小、灰尘浓度低、热导效果好、燃烧效果好，是处理病死牲畜最理想的方法。

3. 化制处理法　将病死猪投入专用湿化机或干化机进行化制，化制后形成肥料、饲料、皮革等有用资源。化制法是更为环保、更有经济价值的一种病死猪处理方法，但是工序较为繁杂。

4. 发酵处理法　在猪场生产区的下风向，根据猪场的实际情况建两个专门的病死猪尸体发酵池，利用生物热的方法将抛入病死猪尸体发酵分解，以达到无害化处理的目的。发酵池根据猪场实际，一般为圆井形，深9～10米，直径3米，池壁及池底用不透水材料制作成（可用砖砌成后涂层水泥或混凝土）。池口高出地面约30厘米，池口做一个盖，盖平时落锁，池内有通气管。尸体堆积至距池口1.5米处时，此池封闭发酵，启用另一个发酵池。发酵时间夏季不少于2个月，冬季不少于3个月，待尸体完全腐败分解后，可以挖出作肥料，两池轮换使用。

第五章
猪病诊断治疗技术

一、猪病诊断技术

（一）流行病学调查

流行病学是研究疾病分布规律及影响因素，借以探讨病因，阐明流行规律，制定预防、控制和消灭疾病，促进猪群健康的对策和措施的科学，是预防医学的一个重要组成部分和基础。流行病学调查的内容包括发病开始的时间、猪的日龄和批次（规模化猪场）以及饲养管理情况；发病过程中发病和死亡的数量，治疗的有效率、治愈率及死亡率；发病结束时间及结束的形式（治愈、死亡）；发病面积大小，呈散发性或暴发；以前是否有过，哪类猪严重，各类猪的症状如何；周边发病情况，有无规律性等。对于遗传性疾病要调查引种情况，亲本及同胞、半同胞的发病情况。对疾病的流行过程进行整理和分析，计算出发病率、感染率、死亡率和致死率。分析本病的传染源，传播媒介，传播途径和影响疾病的传播因素。每种猪病的发生均有其原因。

（二）临床诊断技术

临床诊断就是通过人的感官或借助于简单的仪器（如体温计、听诊器）对猪的外部行为表现的变化进行检查，以判断疾病。临床检查主要方法包括问诊、视诊、听诊、触诊、叩诊和嗅诊。

1. 问诊 询问的对象主要是饲养员，重点要了解一开始发病的情况，如发病的原因、开始的时间、主要的表现、持续时间、到目前是缓减还是加重，缓减、加重的因素，发病与死亡的数量，环境与饲养管理情况，猪群和饲料变动情况，以前是否发生过。如果已经过治疗，还要了解使用的药物情况。问诊材料有主观成分或无意、有意的虚假叙述；所以要客观的分析、归纳、总结。

2. 视诊 视诊是用眼睛直接或借助仪器对猪群以及病猪个体进行全身状况和局部状态进行检查，并对生存环境进行检查，对猪病诊断来讲是一种非常重要的方法。对猪的检查包括精神状态，生理活动，皮肤和被毛，发育状况，粪尿的形状、色泽、数量，可视黏膜、天然孔和体表淋巴结。对生存环境检查包括猪舍的温度、湿度和空气质量，食槽、饮水器、地面（产床、保育床）和围栏等。

3. 听诊 听诊是以听觉听取猪内部器官所产生的自然声音。分为直接听诊和间接听诊，直接听诊是将耳朵直接贴附于猪体表相应的部位进行听诊，间接听诊是借助听诊器进行听诊。听诊的范围包括心脏、呼吸系统、消化系统以及血管音、关节活动音、骨骼断面摩擦音等。听诊需要一个安静的环境，以避免外界的嘈杂声音的干扰。由于猪皮下脂肪厚，所以听诊检查受到了局限，听诊检查主要是用耳朵听猪的呼吸音、咳嗽音和叫声等。

4. 触诊 直接用手或借助器械触压猪体，根据触压的感觉了解组织器官有无异常变化。触诊主要是通过手来完成，而手的感觉以指腹和掌指关节部掌面的皮肤最为敏感，触诊时用这两个部位。触诊主要针对的是个体，主要检查病变的部位、硬度、大小、轮廓、温湿度、压痛及移动和表面的状态。触诊是在视诊的前提下进行，首先要保证猪安静，动作要轻，从健康部位开始，逐渐向病变部位移动，遵循先远后近，先轻后重，左右对照和病健对照的原则。

（1）应用范围 皮肤表面的温度和湿度、皮肤弹性、皮下组织

的硬度，浅表淋巴结位置、大小、形状、硬度、温热度、可移动性和敏感性，心搏动，脉搏，局部肿块的位置、大小、形状、硬度、轮廓、温热度、可移动性、内容物性状和敏感性，以及利用体表对外界刺激的敏感性，判断疼痛的程度和位置。

（2）**触诊方法** 根据触诊的部位不同可采用浅表触诊和深部触诊两种方法。

①浅表触诊 常用于体表浅在的病变、关节、肌肉、腱及浅部血管、骨骼和神经的检查。以一手轻放于被检部位，利用掌指关节和腕关节的协调动作，轻柔地进行滑动触摸。

体表温热度的检查：用手背触摸体表。对照检查身体两侧、躯干和末梢、病变和健康部位。

肿块：用手指轻压和揉捏病变部。根据感觉判断肿块性质。

敏感性：用手指抚摸和揉捏病变部，同时观察猪整体的感觉变化，如皮肌的抖动、头部的回顾、身体的躲闪和抗拒触摸等。

②深部触诊 常用于腹腔及腹腔脏器的性状、大小、位置、形态的检查。深部触诊的方法根据被检查的部位和器官的不同分为按压触诊法、双手触诊法、冲击触诊法和切入触诊法。

按压触诊法：常用于胸、腹壁的敏感性和内脏器官内容物性状的检查。将一手掌平放于被检部位，轻轻按压，判断胸、腹壁的敏感性和内脏器官内容物性状。

双手触诊法：常用于腹腔脏器及其内容物性状的检查。将两手从左右或上下同时触压腹腔脏器，判断腹腔内脏和内脏器官内容物性状。

冲击触诊法：常用于腹腔内脏器官性状和腹腔的状态的检查。把手握成拳或 3～4 个手指并拢取 70°～90°角，放在相应的被检部位，做 2～3 次急速、连续和有力的冲击，以感知被检腹腔内脏器官性状和腹腔的状态。冲击后如有回击波或振荡音，提示有腹腔积液或胃、大肠内有多量液体。

（3）触诊常见的病变性质

①捏粉样变　触压时如生面团，能形成凹陷或留有痕迹，除去压力后恢复，多见于皮下水肿，部位多发生于眼睑、胸前、四肢和腹下。临床常见于心脏病、肾病、血液疾病和营养不良。

②波动性　触压部位柔软有弹性，指压不留痕迹，如间歇性压迫，或固定一侧，从对侧加以冲击时内容物呈波动样改变，多见于脓肿、血肿、大面积淋巴外渗等，表明存在含有液体的囊腔。

③气肿　触压病变部位柔软有弹性，有气体向邻近部位窜动的感觉，并有捻发音，多见于皮下气肿、气肿疽和恶性水肿等。

④坚实　触压病变部位坚实致密，如同触压肝脏一样，见于蜂窝织炎、组织增生及肿瘤。

⑤坚硬　触压病变部位坚硬，如同触压骨骼、石头一样，常见于骨瘤、结石。

⑥疼痛　触压病变部，病猪出现头部的回顾、皮肌的抖动、身体的躲闪和抗拒触摸等动作。

⑦疝　触压病变部位柔软，内容物不定，常为固体、液体或气体，有回纳性，能够触摸到疝孔或疝轮，常见于腹侧、腹下、脐部或阴囊部。

5. 叩诊　直接用手或借助器械对猪体表进行叩击，使之振动并产生音响，根据音响的性质，判断叩击部位及其深部器官的物理状态，间接确定该部位有无异常。由于猪皮下脂肪厚，所以在对病猪进行临床检查时叩诊方法受到了局限。

6. 嗅诊　用人的鼻子闻猪呼出的气体、排泄物和分泌物的气味，判断气味和疾病之间的关系。用手将需要闻的气味扇向自己鼻部，判定气味的特点和性质。如呼出的气体和流出的鼻液有腐败臭味，可以怀疑支气管或肺脏有坏疽性疾病。皮肤、汗液有尿味，提示尿毒症。粪便带有腐臭味或酸臭味常见于肠卡他和消化不良，腥臭味常提示细菌性痢疾。阴道流出带腐败臭味的脓性分泌物常提示子宫蓄脓或胎衣滞留。

（三）病猪临床检查

1. 临床检查

（1）精神状态的检查　健康猪两眼有神，行动敏捷，步态平稳，随大群活动，对来人有警惕性，有接近的行为，常发出哼哼的声音；患病猪精神委顿，昏迷，两眼无神，鼻盘着地，行动迟缓，离群呆立，独处一隅，弓腰曲背，步态不稳，扎堆，行动走路摇摆，或兴奋、狂奔。

（2）被毛和皮肤的检查　健康猪被毛光亮、整洁，皮肤颜色正常，完整，有弹性，鼻盘湿润，液体清亮。患病猪被毛粗乱、卷曲、无光泽，皮肤苍白、发黄、发红、发紫，出血，瘀血，充血，水疱，疹块，斑点，增厚，粗糙，弹性降低。

（3）躺卧和运动姿势状态的检查　健康猪的活动姿势自然、动作灵活而协调，行走自如；站立时四肢同时负重，身体平衡；躺卧时，多侧卧，并四肢伸展，群体有次序性，互不挤压。患病猪活动、站立、休息姿势异常，如站立时，后肢叉开，呈八字形，主要见于骨质营养不良；仔猪站立呈“O”形或八字形，主要见于佝偻病；如肌肉颤抖，常见于中毒、脑炎和脊髓疾病，如站立、运动时肌肉颤抖，休息躺卧时正常，常见于圆环病毒Ⅱ型感染；如运动时盲目行走，转圈，头颈歪斜，常见于脑部病变；如左右摇摆，步态笨拙，常见于小脑、神经的损伤；如四肢呈游泳状，主要见于神经系统疾病；如兴奋、狂躁与昏迷交替出现，盲目行走，同时有体温、心律和呼吸的变化，常为脑部病变；如站立时，站立不稳，头向后仰，常见于中毒、脑炎；如站立时四肢频频交替负重，行走时对侧的健肢比正常时伸得快，患病部位为四肢的腕、跗关节以下的骨、关节、腱、腱鞘、韧带和蹄；如行走时四肢提举、前伸不充分，患肢在前行运步时，步伐的速度慢于健肢，患病部位为四肢的腕、跗关节以上的肌肉及支配肌肉的神经；如运动和站立均出现功能障碍，患病部位常见于四肢上部的关节疾病，还有骨折、骨膜炎、黏炎囊炎等；如运动步态缓慢强拘，缓慢短步，常见于肌肉风湿、破伤风。如站立时四肢集子腹下，常见于四肢疾病；如两后肢极力前伸，常见于后肢疾病；如前肢极力后送，常见于前肢疾病；全身骨骼肌强直，呈木马样姿态，头颈平伸、肢体僵硬、四肢关节不能屈曲、尾根竖起、鼻孔开张、瞬膜露出、牙关紧闭，见于破伤风；如呈犬坐姿势，常见于猪肺疫、肺炎、心功能不全、胸膜炎、贫血；如躺卧时四肢集于腹下呈俯卧状，或多见于腹疼、蹄部疾病。

（4）**采食和饮水的检查** 健康猪大口吃食并与其他猪争抢，食槽中不剩料，饮水量正常。患病猪采食量降低、拒食，咀嚼迟缓，不接近饲槽或吃几口就离开，多见于发热性疾病、中毒性疾病、疼痛性疾病，胃肠、口腔、咽喉等器官的疾病。呕吐，如采食后立即频频呕吐，呕吐物中混有黏液，多见于胃病、十二指肠疾病、胰腺病、中枢神经系统疾病；呕吐物中混有血液，多见于胃出血、胃溃疡；呕吐物呈绿色，见于十二指肠阻塞、肠扭转；呕吐物有粪便味，见于大肠阻塞，猪肠嵌闭；呕吐过程中伴有兴奋、昏迷等神经症状，多见于脑部疾病。饮水增加，多见于发热性疾病、腹泻、呕吐、食盐中毒等。异食，采食平时不应采食的东西，常见于营养物资缺乏、饲养密度加大、消化道疾病等。

（5）**粪尿性状的检查** 健康猪粪便自然成形，不干、不稀，颜色随饲料而变；尿液清亮无色或稍黄，尿量正常。粪便干燥，呈羊粪一样，坚硬为便秘；粪便稀软，甚至水样，常混有未消化的饲料，为腹泻；粪便发黑色，表示胃或肠前端出血或饲料中铜的含量增多；粪便有鲜红的血液，表示肠道后端出血；表面附有黏液，假膜性肠炎；粪便有虫体，是寄生虫病；尿液浑浊、色深，呈红色、棕色、茶色，如钩端螺旋体病，附红细胞体病和猪瘟等。

（6）**呼吸、咳嗽的检查** 健康猪呼吸均匀，胸壁和腹壁的起伏动作平稳、基本一致，呼气，吸气的声音韵律一致，呼吸 18～30 次 / 分；不咳嗽。患病猪胸腹壁起伏的幅度差异很大，有的胸壁起伏动作特别明显，腹壁动作很小，病变在腹壁和腹腔脏器，如胃扩张、急性腹膜炎、腹腔积液、腹壁疝及腹壁外伤等；有的腹壁起伏动作特别明显，胸壁动作很小，病变在胸部，如胸膜炎、胸膜肺炎、胸腔大量积液、肋骨骨折及慢性肺泡气肿等；呼吸困难，气喘；呼气时间延长，拱背，严重的沿肋骨弓出现明显的凹陷，肛门突出，如肺气肿、肺水肿；吸气时间延长，口张大，鼻孔扩张，四肢外伸，头颈伸展，胸腔扩张，如咽喉炎、喉水肿、猪传染性萎缩性鼻炎等。咳嗽是一种强烈的呼气运动，是机体反射性保护动作，但长期频繁剧烈的咳嗽就为病理现象。连续的咳嗽，多见于喉炎、气管炎、胸膜炎、吸入性肺炎等；经常性的咳嗽，多见于慢性支气管炎、慢性肺气肿、猪气喘病等；咳嗽发出的声音大、有力，表明肺脏组织弹性良好；咳嗽无力、嘶哑，表明肺脏组织弹性降低，或有疼痛性疾病，如肺炎、肺气肿、胸膜炎、胸膜粘连、严重的喉炎等；短而清脆的咳嗽，多见于胸膜炎、上呼吸道感染初期、气管有异物等；湿而长的咳嗽，声音钝浊，并有分泌物排出，多见于喉炎、咽炎、气管炎、支气管炎肺炎、肺脓肿、肺坏疽等。咳嗽时表现为头颈伸直、低头不安、呻吟等，表明有疼痛感，多见于胸膜炎、纤维素性肺炎、气管有异物、喉水肿等。

（7）体温的检查　健康猪的体温为 38.5℃～39.5℃，但是因年龄、季节、运动状态及生理期的不同，有时可以变化。患病猪的体温有的升高，有的降低，有的没有明显的变化。猪体发热常见于各种病原微生物感染，某些变态反应性疾病、内分泌代谢障碍，物理、化学因素引起的损伤所致的坏死物质的吸收，或各种原因导致的体温调节中枢功能紊乱，发热可分为微热、中热、高热和过高热，高于正常体温 0.5℃～1℃为微热，多见于感冒、胃卡他性炎症和消化不良；高于正常体温 1℃～2℃为中热，多见于胃肠炎、支气管炎、咽喉炎等；高于正常体温 2℃～3℃为高热，多见于猪瘟、猪肺疫、胸膜炎、腹膜炎、大叶性肺炎、小叶性肺炎等；高于正常体温 3℃以上为过高热，多见于猪丹毒、中暑等。临床上常见的热型有稽留热，弛张热，间歇热和不规则热。稽留热是高热持续3天以上，昼夜温差在1℃以内，多见于猪瘟、猪丹毒、流行性感冒、大叶性肺炎等；弛张热是体温升高后波动范围较大，昼夜温差超过1℃，且不易恢复到正常范围，多见于化脓性疾病、败血症、小叶性肺炎等。间歇热是体温突然上升，达到高峰后持续数小时，又迅速降至正常水平，无热可持续1天至数天，如此无热期和高热期在短时间内反复交替出现。不规则热是发热无一定规律性。体温降低多见于休克、贫血、大出血、严重营养不良、心力衰竭等。体温降低多提示预后不良。

（8）**排便动作** 健康猪排粪时，背稍微弓起，后肢张开，稍微用力。如出现背部弓起幅度增大，后肢弯曲严重，长时间的用力排便动作，表示便秘；如排粪次数频繁、失禁，没有排便动作即行排粪，并且后肢及臀部沾有粪便，表示腹泻。健康猪排尿时，母猪背稍微弓起，后肢张开下蹲。公猪站立，尿呈股状并且断续地射出。排尿异常有尿频、多尿少尿、无尿、尿闭、尿淋沥、尿失禁、尿痛苦等，常表示泌尿生殖系统的疾病。

（9）**天然孔周围的检查** 健康猪眼、鼻、口、耳、包皮口和肛门等天然孔周围清洁。患病猪眼睛周围有分泌物，眼睛不能睁开，眼窝下方有半月形的褐色流泪的痕迹。鼻孔周围粘有鼻液。浆液性鼻液，如流感、急性鼻卡他；黏液性鼻液，常见于上呼吸道感染；黏脓性鼻液，常见于化脓性鼻炎；腐败性鼻液，常见于腐败性支气管炎、坏疽性鼻炎、肺坏疽等；血性鼻液，如混有泡沫或小气泡，肺充血、肺水肿和肺出血等；如有较多血液，常见于鼻黏膜外伤；鼻液中混有杂物，常见于咽炎、咽麻痹、食管阻塞等；鼻液中混有气泡，常见有肺气肿、肺水肿等。鼻孔周围有水疱、溃疡等，如口蹄疫等。口腔流涎，常见于口腔内有异物、口炎、扁桃腺炎、腮腺炎、中毒、水疱性疾病、胃病等；口腔有水疱、溃疡等，如口蹄疫。耳郭内有结痂等，如疥癣。包皮口周围沾有粪尿污物。肛门周围沾有粪尿污物，如腹泻病等。

（10）**行为检查**　健康猪有正常的采食、运动、休息等行为动作，但是当猪受到饲料变化、空气恶劣、密度过大等各种不良环境因素影响下，会出现明显偏离正常猪的行为表现，或导致其他猪的损伤，如咬尾、咬耳、咬外阴部，咬栏，食仔。

（11）**遗传症候群的检查**　遗传疾病绝大多数有一系列特征性的临床症状或特有的症候群，最常见的疝、隐睾、锁肛等。

2. 临床诊断注意事项

（1）**要特别重视前期症状**　前期症状就是在疾病初期阶段，主要症状尚未出现之前的征象，虽然不能根据它做出诊断，但是可以提示是某些疾病的可能，对群发病、传染病的防治有着非常重要的意义。

（2）**及时发现示病症状**　示病症状就是某些疾病特有的，而其他疾病没有的症状，通过示病症状可以确定疾病的现象，如发热，高热不退，可提示为猪瘟、口蹄疫等。

（3）**要特别关注综合征候群**　综合征候群就是某些症状相互联系而又同时出现或相继出现这些症状的联合为综合征候群。在临床上许多疾病没有示病症状，一些症状又不是某种病所特有的，所以对收集到的症状要进行整理、归纳找出有助于判断疾病的综合征候群。

（4）**检查要熟练**　猪场兽医在对猪进行临床检查过程中，熟练是非常重要的，因为猪与人不一样，不能够完全配合医生的检查，为了准确地收集症状，要求兽医人员具备敏锐的观察判断能力，熟练的临床检查技术和正确的检查姿势，熟悉猪的生理解剖及各项正常的生理指标。

（5）**临床检查要全面系统的检查**　临床检查要有条理的一项一项地全面系统的检查；不能凭主观印象舍去任何一个系统任何一个器官，不能就出现的某一或某几个症状就做出判断，以点盖面；不能先入为主，带“病”找病，必须做系统、详细的检查，有必要时要进行特殊的检查，争取收集到尽可能详细、完整的材料。

（四）病理剖检诊断技术

1. 尸体剖解技术 尸体剖解技术是应用器械剖解尸体，观察其病理变化。尸体剖解之前要进行流行病学调查和临床症状的诊断，并了解治疗情况，仔细检查皮肤、黏膜和天然孔的变化，对于患有严禁剖解疾病的尸体不得剖解。病死猪尸体剖解的时间越靠近死亡时间越好，剖解场地要光线充足、柔和，最好在白天进行，紧急情况下需晚上剖解时，光线要充足，对不能辨别的要低温保存，次日白天观察。

（1）剥皮 尸体仰卧，沿猪腹中线，从下颌间隙开始至尾根部切开，遇上脐部，乳房生殖器和肛门应绕其周围切开。四肢内侧切一条垂直于腹壁切线，与正中线呈直角，将皮肤切开，在四肢的系关节处做一环状切线，剥皮时应将皮肤拉紧。

（2）切离四肢 前肢切离，先切断肩胛骨前缘的臂头肌和颈斜方肌，再切断肩胛软骨后缘胸背阔肌及其他神经、血管和肌肉。后肢切离，在股骨大转子处切断臀肌和股后肌群，在后肢内侧切断股内收缩肌和髋关节的臀圆韧带和副韧带。

（3）剖开胸腔 打开胸腔之前，用刀尖在5～6肋间刺一小孔，此时如听到有空气冲入胸腔所发出的摩擦音，同时膈肌向后退，即证明胸腔内为真空。一般打开胸腔的方法是将一侧的胸壁除去，首先除去肋骨和胸骨上的肌肉及其他软组织，分离与胸壁相连的膈肌，从肋软骨处分离肋骨和胸骨，然后从距脊椎骨7～9厘米处锯断肋骨，暴露胸腔。

（4）剖开腹腔

①仰卧位的剖检（个体小） 在剑状软骨处距白线2厘米处切开腹壁，将食指和中指伸进，背面抵住肠管，两指张开，刀夹中间，刀刃向上，沿腹壁线切到耻骨联合处，然后左右沿骨体前缘切开腹腔，在剑状软骨切口处左右沿肋骨弓切开腹壁。

②侧卧位的剖检（个体大） 从肷窝沿肋骨弓切腹壁至剑状软

骨处，再由肷窝沿骨体前缘至耻骨前缘切开腹壁，然后将切开的皮肤放于地面。

（5）剖开口腔　固定头部，使下颌朝上，用刀沿下颌间隙紧靠下颌骨内侧切入口腔，直到下颌骨角，切断所有的肌肉，同样切开另一侧，同时切断舌骨枝间的连接部。

（6）剖开颅腔　去掉头顶部的全部肌肉，在眶上突后缘2～3厘米的额骨上锯一横线，沿颞骨到枕骨大孔中线各锯一线，用斧头和骨凿除去颅顶骨，露出大脑。

2. 尸体病理检查

（1）体表检查　包括营养状况，皮肤、被毛，天然孔、乳房和初生仔猪（或胎儿）脐带的变化。主要检查项目如下。

①皮肤和被毛的检查　观察被毛的颜色、光泽度和清洁度，检查被毛的弹性；检查皮肤的厚度、弹性和硬度及有无体外寄生虫、创伤、脓肿、充血、出血、瘀血、湿疹、疹块和疱疹等。同时，检查蹄部有无创伤、水疱及溃疡等。

②天然孔、可视黏膜的检查　检查口、鼻、耳、眼、阴门或包皮口和肛门等天然孔的闭合情况，分泌物、排泄物的数量、性状和颜色；检查可视黏膜的色泽，有无出血、溃疡、水疱和瘢痕。

③乳房的检查　观察外形，用手指轻压乳房，如有分泌物估测其数量，观察其性状；触摸乳房和乳头有无硬结或其他病变，检查乳房切面，观察乳汁的含量、血液的充盈程度、排乳管的性状及实质、间质的性状和对比关系，有无结节、坏死、脓肿、纤维化、钙化、囊肿和肿瘤等。

④初生仔猪（或胎儿）脐带检查　脐带的粗细，血液颜色及血液的凝固性。

（2）皮下组织和体表淋巴结的检查

①皮下组织　检查颜色、性状、黏稠度，有无黄染、水肿、气肿、充血、出血、炎症、肿瘤和溃疡，皮下脂肪的沉积量、色泽和性状。

②体表淋巴结　包括下颌淋巴结、下颌副淋巴结、腮腺淋巴结、咽喉外侧淋巴结、肩前淋巴结、颈浅腹侧淋巴结、股前淋巴结等，观察其大小、色泽，切面有无充血、出血、坏死等变化。

（3）肌肉的检查　观察肌肉色泽、光泽度。检查有无出血、充血、瘀血、坏死、肿瘤和寄生虫。

（4）口腔器官与甲状腺的检查

①口腔黏膜与舌检查　观察口腔黏膜与舌黏膜有无出血、疱疹、糜烂和溃疡。检查横切面色泽、质度和有无坏死。

②咽及扁桃体检查　检查咽部黏膜色泽，有无出血等。检查扁桃体有无肿胀、出血和坏死。

③甲状腺检查　主要观察其颜色、大小、形状、质度，检查切面有无病变。

（5）鼻腔和喉腔的检查

①鼻腔的检查　观察鼻中隔血液充盈程度和鼻黏膜的状态，检查鼻道，筛骨，迷路，蝶窦，鼻甲骨等形态，鼻腔内容物的数量和性状。

②喉腔的检查　观察喉部黏膜有无充血、出血、水肿和黏液性或脓性分泌物。

（6）颅腔器官检查　主要观察硬脑膜、软脑膜和蛛网膜，有无充血和出血，脑沟内有无渗出物蓄积，变浅，脑回是否变平。主要观察第三脑室、大脑导水管和第四脑室。再横切数刀，注意有无出血、液化坏死灶和其他病变。同时，检查脑垂体的大小、形态和色泽。

（7）胸腔及器管与食管的检查　检查胸腔内有无脓汁、血液、纤维素性物及寄生虫等异物以及含量；检查胸腔内脏器官的大小、形态和位置；查看胸腔积液体色泽、透明度和数量。

①气管和支气管检查　检查气管、支气管内有无内容物，以及内容物的性状，同时观察黏膜的颜色，有无充血、出血和结节。

②肺脏　检查其大小、形态和色泽，表面是否光滑，有无出

血、充血、纤维素性渗出物、结节和气肿，同时用手触摸肺小叶的硬度和含气量，以确定是否有病变，如有病变判断其体积、形态、色泽、硬度，并对病变部进行切面检查；有血栓、栓塞时对肺要做纵切，避免造成误判；用沉水方法检查肺气肿或水肿。

③心血管系统检查　观察心脏外形、大小和心肌表面性状，心肌质度，心冠纵沟脂肪数量、形状，有无出血斑、点和条；有无白色条纹状坏死灶，纤维素性膜状物，与心包是否粘连；检查心脏内部。检查心肌色泽、肌僵程度、有无变性、坏死、出血、瘢痕；心内血液量、性状、凝固程度，心内膜的颜色、光泽、厚度，有无出血、增生，房室瓣和半月瓣的大小、形状、厚度、硬度、有无血栓、溃疡、水肿、增生及房室孔的改变，腱索和乳头肌的病变。同时，检查心、血管腔内血凝情况，检查冠状动脉，胸主动脉、腹主动脉，外膜、内膜有无出血、粗糙、肥厚、坏死、钙化灶、瘢痕及其他异物。血管内有无血栓。主要目的是诊断心肌病、心肌炎、心内膜炎和主动脉脉管病。

④食道检查　观察其黏膜有无损伤、出血等。

（8）腹腔、盆腔及器官的检查　检查腹腔内有无异物，如饲料、粪便、脓汁、血液、纤维素性物及寄生虫等；查看腹腔内液体色泽、透明度，并观察有无血液、脓汁、纤维素性物和寄生虫及其含量等。检查腹腔内脏器官的大小、形态和位置。

①脾脏　检查其大小、形态、颜色、质度及脾门血管和淋巴结。检查脾脏有无畸形、梗死、出血、瘀血、破裂、增生和各种脾炎的病变。分别在脾头、脾门、脾尾处切口，检查其质度，观察切面的清晰度，色泽，血量，是否外翻，有无红色颗粒突起、干燥、结节，脾髓滤泡和小梁的状态及比例关系，脾白髓的大小、数量。用刀背轻刮切面看刮取物的量，过多脾髓增多或充血，过少脾萎缩。

②肾脏及肾上腺　检查包裹肾脏的脂肪囊脂肪量，猪营养不良，脂肪沉积很少，甚至消耗而萎缩，呈胶冻样物，肥胖的猪则可

见脂肪坏死、呈白垩状物。

肾脏：检查肾的大小、形状、颜色和质度，表面有无裂隙和囊肿，被膜是否容易剥离，被膜下有无小点出血、梗死、坏死、结节、痕迹和脓肿等，皮质、髓质和中间带之间是否清晰。在切面上注意肾皮质与髓质的比例和各层的颜色；检查皮质的厚度、色泽、是否出血，肾小球是否肿大，充血、瘀血、出血；皮质肿大充血严重呈红色颗粒状，较轻的呈灰色颗粒状，有脂肪变性是黄色有光泽，颗粒变性时呈污灰色，组织似煮样；肾髓质看其色泽、质度；肾乳头上有无结晶粉末以及肾盂内容物的性状、数量和黏膜的形态。

肾上腺：检查大小、形状，有无出血、变性和坏死；观察横切面颜色、皮质厚度及皮质和髓质比例。但应注意肾上腺死后自溶，其质度变软，颜色变得污黄或土黄，皮质、髓质界限不清。

③输尿管　检查输尿管起始部和肾门区结缔组织中有无肾虫和钙化结节，黏膜有无出血、溃疡、结石。

④肝脏、胆囊及胆管

肝脏：检查其大小、形态、色泽和质度，有无出血、瘀血、颗粒变性、脂肪变性、淀粉样坏死、肝硬化等，观察肝表面有无破裂、脓肿、肿瘤及大小分布，观察切面色泽、形状，血管内膜状态，有无血栓、寄生虫、结节及其他异物；检查肝门处的肝动脉、肝静脉、胆管及淋巴结。

胆囊：检查大小、色泽和充盈度，观察胆汁的数量、色泽、黏稠度，检查胆囊壁厚度，有无出血、溃疡、结节、结石和寄生虫等。

胆管：检查胆管壁厚度，有无出血、溃疡、结节、结石和寄生虫等。

⑤胰脏　检查大小、形态、颜色、重量，胰管腔内膜及管壁形状，管内容物有无异常。

⑥胃　观察胃的容积和形态，检查浆膜是否光滑，有无出血和瘀血等，检查胃壁的厚度，有无水肿；观察胃内容物的数量、色泽

和形态，内容物有无血液、药物和毛团等异物；检查胃黏膜有无出血、瘀血、充血、水肿、坏死和溃疡，所附黏液的性质（浆液性、黏液性、脓性、纤维素性和出血性）和数量。常见胃的病变有胃出血，胃食管区溃疡，胃壁水肿。

⑦肠道　肠道包括十二指肠、空肠、回肠、结肠、盲肠和直肠。检查浆膜有无出血、瘀血和充血等。检查肠壁厚度，肠内容物的数量、性状及肠黏膜有无出血、肿胀、溃疡、渗出、结节。检查肠系膜和淋巴结。

⑧输卵管和卵巢　检查输卵管有无堵塞，管壁的厚度，黏膜的性状；卵巢的形状、大小，黄体和卵泡的发育状态，有否卵泡囊肿和持久黄体。

⑨膀胱、尿道及输尿管　检查膀胱的充盈度，内容物的数量、色泽、有无结石和结晶；检查膀胱、尿道及输尿管黏膜、浆膜有无出血、充血和溃疡；尿道内有无结石。

⑩阴道和子宫　检查内容物数量、性状，黏膜的色泽、润滑性，有无出血、溃疡、裂痕和瘢痕；检查阴道和子宫壁的弹性。

⑪副性腺　前列腺、精囊和尿道球腺的大小、形态和质度，切面和内容物的性状。

⑫公猪生殖器　检查生殖器有无畸形。

阴囊：有无肿胀。

包皮：有无肿胀、溃疡、瘢痕；

阴茎：有无畸形，黏膜有无出血、肿胀、溃疡等。

睾丸：检查发育是否正常，两侧睾丸大小是否相同。公猪睾丸病变较常见的有先天性发育不全，隐睾，单睾，睾丸变性和钙化及睾丸炎；睾丸炎急性期肿胀，发红，触摸发硬，切面多汁、显著突起；慢性睾丸炎，睾丸体积缩小，质度坚硬，表面粗糙，被膜增厚，切面干燥，常有钙盐沉积。

附睾：检查发育是否正常，两侧大小是否相同。急性炎症发红、水肿；慢性附睾炎极度肿大、坚硬，外观似脓肿，切面似肿瘤，呈灰白色。

（11）骨骼、骨连接与骨髓检查

①骨骼检查　检查骨骼的变形和疏松度。骨质营养代谢疾病。

②骨连接、腱鞘和腱的检查　骨连接有直接连接和关节连接，主要检查关节囊有无病变，关节液的数量和性状，关节内有无脓性、纤维素性渗出物，关节面有无增生和机化物等。检查腱鞘和腱的色泽、质度，有无断裂和机化等。

③骨髓的检查　检查色泽和性状，红色和黄色骨髓的分布比例及是否有坏死、化脓等骨髓炎病变。

（五）实验室诊断技术

实验室诊断技术主要包括常规检查、血清学检查，分子生物学诊断和动物试验等。

1. 样品的采集

（1）血液采集

①采集方法　一般采用前腔静脉采集法、颈静脉采集法和耳静脉采集法。

前腔静脉采集法：根据猪的大小确定保定方法，进行采集。体重大的猪采用提鼻法保定（图3–2），猪站立，身体要直，前肢向后伸，头向上举，从颈静脉沟的末端，胸腔入口处前方所形成的凹陷部刺入采血针头，由于右侧迷走神经分布到心脏和膈的较左侧少，所以采血针头进入以右侧为佳，进入方向对准对侧肩关节顶端。体重小于20千克仔猪采用手握前肢倒提法保定（图3–1），双手握住仔猪双腿，头倒立，并贴紧术者，从颈静脉沟的末端，胸腔入口处前方所形成的凹陷部刺入采血针头，由于右侧迷走神经分布到心脏和膈的较左侧少，所以采血针头进入以右侧为佳，进入方向对准对侧肩关节顶端。

颈静脉采集法：保定方法与前腔静脉采集法相同。在颅顶到胸廓入口处的正中连线的近中点偏右侧约5厘米处的颈静脉沟入针，

刺向背侧。

耳静脉采集法：用橡皮带扎紧耳根基部，然后拍打耳朵使其静脉血管怒张，刺入针头，由于耳静脉血液较少，用真空管采集时容易使血管塌陷，所以一般采用注射器采血，可以调节采血的速度。

②样品种类

全血样品：进行血液学分析，细菌、病毒或原虫培养，通常用全血样品，样品中加抗凝剂。采血时应直接将血液注（滴）入抗凝剂中，并立即连续摇动，充分混合。也可将血液放人装有玻璃珠的灭菌瓶内，震荡脱纤维蛋白。样品容器上贴详细标签。

血清样品：进行血清学试验通常用血清样品。用作血清样品的血液中不加抗凝剂，血液在室温下静置2～4小时（防止暴晒），待血液凝固，有血清析出时，用无菌剥离针剥离血凝块，然后置4℃冰箱过夜，待大部分血清析出后取出血清，必要时经低速离心分离出血清。在不影响检验要求原则下可因需要加入适宜的防腐剂。做病毒中和试验的血清避免使用化学防腐剂（如硼酸、硫柳汞等）。样品容器上贴详细标签。

血浆样品：采血试管内先加上抗凝剂（每10毫升血加柠檬酸钠0.04～0.05克），血液采完后，将试管颠倒几次，使血液与抗凝剂充分混合，然后静止，待细胞下沉后，上层即为血浆。

（2）尿液的采集　在猪排尿时，用洁净的容器直接接取。也可使用塑料袋，固定在母猪外阴部或公猪的阴茎下接取尿液。采取尿液，宜早晨进行。

（3）精液　精液样品用人工方法采集，所采样品应包括“富精”部分，并避免加入防腐剂。

（4）胆汁、脓、黏液或关节液等样品采集　用烫烙法消毒采样部位，用灭菌吸管、毛细吸管或注射器经烫烙部位插入，吸取内部液体材料，然后将材料注入灭菌的试管中，塞好棉塞送检。也可用接种环经消毒的部位插入，提取病料直接接种在培养基上。

（5）乳汁　用消毒药水消毒乳房（取乳者的手亦应事先消毒），

最初所挤的3～4把乳汁弃去，然后再采集10毫升左右乳汁于灭菌试管中。进行血清学检验的乳汁不应冻结、加热或强烈震动。

（6）组织采集

①采样方法　用常规解剖器械剖解，剖开腹腔后，注意不要损坏肠道。进行细菌、病毒、原虫等病原分离所用组织块的采集，可用一套新消毒的器械切取所需器官的组织块，每个组织块应单独放在已消毒的容器内，容器壁上注明日期、组织或动物名称。注意防止组织间相互污染。

②样品种类

病原分离样品的采集：用于微生物学检验的病料应新鲜，尽可能地减少污染。用于细菌分离的样品的采集，首先以烧红的刀片烫烙脏器表面，在烧烙部位刺一孔，用灭菌后的铂耳伸入孔内，取少量组织或液体，做涂片镜检或划线接种于适宜的培养基上。

组织病理学检查样品的采集：采集包括病灶及临近正常组织的组织块，立即放人10倍于组织块的10%甲醛溶液中固定。组织块厚度不超过0.5厘米，切成1～2厘米^2（检查狂犬病则需要较大的组织块）。切组织块忌挤压、刮摸和用水洗。

（7）肠内容物或粪便采集　肠道只需选择病变最明显的部分，烧烙肠壁表面，用吸管扎穿肠壁，从肠腔内吸取内容物，将肠内容物放人盛有灭菌的30%甘油盐水缓冲保存液中送检。或者，将带有粪便的肠管两端结扎，从两端剪断送检。

（8）胃液采集　将胃管送入胃内，其外露端接在吸引器的负压瓶上，加负压后，胃液即可自动流出。

（9）呼吸道分泌物采集　应用灭菌的棉拭子采集鼻腔、咽喉或气管内的分泌物，蘸取分泌物后立即将拭子浸入保存液中，密封低温保存。常用的保存液有pH值7.2～7.4的灭菌肉汤或磷酸盐缓冲盐水，如准备将待检标本接种组织培养，则保存于含0.5%乳蛋白水解物的汉克氏（Hanks）液中。一般每支拭子需保存液5毫升。

（10）眼睛分泌物采集　眼结膜表面用拭子轻轻擦拭后，放在

灭菌的30%甘油盐水缓冲保存液中送检。有时，也采取病变组织碎屑，置载玻片上，供显微镜检查。

（11）**皮肤采集**　病料直接采自病变部位，如病变皮肤的碎屑、未破裂水疱的水疱液、水疱皮等。

（12）**胎儿采集**　将流产后的整个胎儿，用塑料薄膜、油布或数层不透水的油纸包紧，装入不透水的包装内，立即送往实验室。

（13）**骨**　需要完整的骨标本时，应将附着的肌肉和韧带等全部除去，表面撒上食盐，用浸过5%石炭酸溶液的纱布包装，装入不漏水的容器内送往实验室。

（14）**脑、脊髓**

①全脑、脊髓的采集　如采取脑、脊髓做病毒检查，可将脑、脊髓浸入30%甘油盐水液中或将整个头部割下，包入浸过消毒液的纱布中，置于不漏水的容器内送往实验室。

②脑、脊髓液的采集

采样前的准备：采样使用特制的专用穿刺针，或用长的封闭针头（将针头稍磨钝，并配以合适的针芯）；采样前，术部及用具均按常规消毒。

采样方法：包括颈椎穿刺法和腰椎穿刺法。

颈椎穿刺法：穿刺点为环枢孔。将动物实施站立或横卧保定，使其头部向前下方屈曲，术部经剪毛消毒，穿刺针与皮肤面呈垂直缓慢刺入。将针体刺入蛛网膜下腔，立即拔出针芯，脑脊髓液自动流出或点滴状流出，盛入消毒容器内。

腰椎穿刺法：穿刺部位为腰荐孔。实施站立保定，术部剪毛消毒后，用专用的穿刺针刺入，当刺入蛛网膜下腔时，即有脑脊髓液滴状滴出或用消毒注射器抽取，盛入消毒容器内。

采样数量：颈部穿刺一次采集量35毫升左右，腰椎穿刺一次采集量15毫升左右。

2. 样品保存、送检

（1）**样品保存**　所采集的样品以最快最直接的途径送往实验

室。如果样品采集后 24 小时内能送抵实验室，则可放在 4℃左右的容器中运送。24 小时内不能将样品送抵实验室，在不影响检验结果的情况下，把样品冷冻，并以此状态运送。根据试验要求决定送往实验室的样品是否放在保存液中运送。加保存液保存，如细菌检验材料的保存可将采取的脏器组织块，保存于饱和的氯化钠溶液或 30% 甘油缓冲盐水溶液中，容器加塞封固；如系液体，可装在封闭的毛细玻管或试管运送。如病毒检验材料的保存可将采取的脏器组织块，保存于 50% 甘油缓冲盐水溶液或鸡蛋生理盐水中，容器加塞封固。如病理组织学检验材料的保存可将采取的脏器组织块放入 10% 甲醛溶液或 95% 酒精中固定，固定液的用量应为送检病料的 10 倍以上；如用 10% 甲醛溶液固定，应在 24 小时后换新鲜溶液 1 次；严寒季节为防病料冻结，可将上述固定好的组织块取出，保存于甘油和 10% 甲醛等量混合液或 90% 酒精溶液中。

（2）**送检** 样品采集后要及时送检，24 小时内到达检验目的地，送检时要附一份送检报告和送检清单。报告内容包括养殖规模，检查目的，如猪群发病后检查，要写明发病猪群类型，发病、死亡数量，临床症状，病理变化，免疫、治疗情况等，并将送检报告备案 1 份；送检清单包括病料名称、数量、种类、保存方法，送检日期，送检单位、人员，单位地址、邮编。送检过程中严禁样品外露。装在试管或广口瓶中的病料密封后装在冰瓶中运送，防止试管和容器倾倒。如需寄送，则用带螺口的瓶子装样品，并用胶带或石蜡封口。将装样品的并有识别标志的瓶子放到更大的具有坚实外壳的容器内，并垫上足够的缓冲材料。制成的涂片、触片、玻片上注名号码，并另附说明。玻片两端用细木条（去掉红磷的火柴棒）分隔开，层层叠加，底层和最上一片，涂面向内，用细线包扎，再用纸包好，在保证不被压碎的条件下运送。所有样品都要贴上详细标签。每份样品应仔细分别包装，在样品袋或平皿外面贴上标签，标签注明样品名、样品编号、采样日期等。存放样品的包装袋、塑料盒及铝盒应外贴封条，封条上应有采样人签章，并注明贴封日

期，标注放置方向，切勿倒置。空运时，将其放到飞机的加压舱内。

3. 常规检查 在特定的实验室设备与条件下，对血液、尿液、粪便、其他体液、分泌物及病理产物的物理性状、化学成分、组织形态进行检查分析。

（1）血液常规检查 血液常规检验包括红细胞沉降速率的测定、血红蛋白含量测定、红细胞计数、白细胞计数、白细胞分类计数等5个项目。

（2）尿液常规的检查 尿液常规的检查包括尿液的尿量、尿色、气味、透明度、比重等物理性状的检查，酸碱性、蛋白质、葡萄糖、潜血等化学成分的检查及各种盐类结晶，上皮细胞、红细胞、白细胞、脓细胞、各种管型及微生物等的显微镜检查。显微镜检查是理化检查的补充，即能查明理化检查所不能发现的病理变化；不仅可以确定病变的部位，并可阐明疾病的性质，对肾脏和尿路疾病的诊断具有特殊意义。

（3）粪便检查

①潜血检查 粪便中不能用眼睛看出来的血液叫作潜血。粪便潜血检查对消化系统的出血性疾病的诊断、治疗及预后都有意义，并可以做出早期诊断。

②显微镜检查 主要是检查粪便中寄生虫、微生物、伪膜及饲料、食物残渣等。

4. 病原检查 通过病原分离、鉴定，聚合酶链式反应（PCR）检测等，可以了解猪场病原存在的种类、比例、数量及变化规律，明确流行强度。有利于明确病原种类、血清型种类和分布，选择正确疫苗预防；有利于制定疾病的预警机制，预测疾病发生的趋势。

（1）细菌检查

①细菌的培养 根据检查目的、细菌的特点等，选择基础培养基、增菌培养基和鉴别培养基等不同的培养基，对细菌进行培养。

②显微镜检查 将培养的细菌制备成细菌抹片，通过显微镜对细菌进行检查。

（2）病毒检查 通过鸡胚培养和细胞培养等方法对病毒进行培养，应用超速离心法、超滤法、红细胞吸附法和化学试剂等方法对病毒进行提纯，应用电子显微镜将可疑病毒做出初步的鉴定分类，对病毒核酸型、脂溶剂敏感性、耐热性、耐酸性、胰蛋白酶敏感等理化学特性进行鉴定。

（3）寄生虫检查 常用粪便检查法，其中包括对粪便的虫卵检查法（如漂浮法、沉淀法、直接涂片法等）、幼虫检查法（如贝尔曼幼虫分离法和平皿幼虫分离法）。

5. 血清学检查 血清学检查是用已知抗原来测定被检动物血清中的特异性抗体，或用已知的抗体（免疫血清）来鉴定被检材料中的抗原。常用的血清学试验包括沉淀试验、凝集试验、补体结合试验、荧光抗体试验（FAT）、酶联免疫吸附试验（ELISA）、单克隆抗体的应用、病毒中和试验等。通过血清学检查，可以了解猪场猪群抗体效价以及抗体的消长规律，评价免疫接种的质量；有利于明确病原种类、血清型种类和分布，及时发现猪群中的隐性感染者；有利于正确制定疫病免疫程序，预防疾病的发生。

6. 变态反应诊断 迟发型变态反应是一种检查细胞免疫的有效方法，常用于临床诊断。结核菌素皮内变态反应是其中一个典型例子。变态反应诊断法具有操作简单、特异性较高的优点。

7. 分子生物学诊断 分子生物学诊断又称基因诊断。主要是针对不同病原微生物所具有的特异性核酸序列和结构进行检测。在传染病诊断方面，具有代表性的技术主要有DNA限制性内切酶酶切图谱分析；限制性DNA片段长度多态性分析；DNA探针技术；DNA指纹分析；DNA聚合酶链式反应（PCR）；随机扩增多态性DNA（RAPD）及核酸序列分析等。

8. 动物试验 为了微生物的分离鉴定，致病力测定等，常用实验动物进行接种。常用动物接种的方法有皮下接种、皮内接种、腹腔内接种和静脉注射等。

（六）实验室结果的分析

随着规模化、集约化养猪的发展，养猪规模和养殖密度越来越大，疾病的发生越来越复杂，实验室检测对了解猪群的健康状况，制定和修改免疫程序，猪场疫病的净化等具有重要意义。实验室检测的内容很多，目前养猪生产中主要进行的是病原检测和抗体检测两种。其中病原检测主要采用的是快速、简便、灵敏度高的聚合酶链式反应（PCR），检测样品中某种病原微生物的核酸是否存在；抗体检测普遍采用的是 ELISA 方法和免疫胶体金技术，检测血清中某种病原的抗体的存在及含量，也可以检测抗原。猪场兽医要对检验结果（报告）进行正确的解读，结合本猪场猪群健康状况，发病情况，疫苗接种时间、剂量，疫苗毒株、种类和用药情况等进行分析，并应用于生产中。

一个猪场进行疫病的免疫检测时，为了掌握疫苗免疫效果（如抗体水平、均匀度、持续时间），确定母源抗体消长规律，建立猪场免疫基准线水平，检查方法要相对稳定，有利于猪场建立档案资料，为指导生产提供理论依据。

1. PCR 技术结果分析　PCR 技术在疾病诊断中主要进行病原微生物的检查和鉴定，对早期感染、潜伏期感染和持久感染的检测均具有重要意义。PCR 技术是根据已知的待扩增的 DNA 片段序列，人工合成与该 DNA 两条链末端互补的两端寡核苷酸引物，在热稳定 DNA 聚合酶的作用下，人为地施加一些因素，在试管内模拟适合条件，由这对人工合成的特异性引物限制的，经变性、退火、延伸 3 个不同温度的循环处理，将极少量核酸模板（待检 DNA 序列）高倍放大的一种体外核酸扩增技术。反应体系包括引物、dNTPs、核酸模板、耐热性 DNA 聚合酶、适宜的缓冲液和 Mg^{2+} 浓度。此方法与现有的其他方法相比具有快速、简便、灵敏度高的特点。

试验结果分为阳性（+）和阴性（—）。阳性表示被检样品中存在有相关的基因，也就是被检样品中含有送检时认为存在的病原体。阴性表示被检样品中不存在有相关的基因，也就是被检样品中不含有送检时认为存在的病原体。

2. ELISA 结果分析 ELISA 的基础是抗原或抗体的固相化及抗原或抗体的酶标记。结合在固相载体表面的抗原或抗体仍保持其免疫学活性，酶标记的抗原或抗体既保留其免疫学活性，又保留酶的活性。在测定时，受检标本（测定其中的抗体或抗原）与固相载体表面的抗原或抗体起反应。用洗涤的方法使固相载体上形成的抗原抗体复合物与液体中的其他物质分开。再加入酶标记的抗原或抗体，也通过反应而结合在固相载体上。此时固相上的酶量与标本中受检物质的量呈一定的比例。加入酶反应的底物后，底物被酶催化成为有色产物，产物的量与标本中受检物质的量直接相关，故可根据呈色的深浅进行定性或定量分析。此方法具有简便、敏感和特异的优点，不仅适用于临床标本的检查，也适合于血清流行病学调查；不仅可以用来测定抗体，而且也可用于测定抗原，所以也是一种早期诊断的良好方法。

试验结果常用酶标仪读各孔 OD 值。首先，根据阳性对照 OD 值和阴性对照 OD 值，判定试验是否成立。若试验结果不成立，可能是在操作过程中有失误，应重新检测。若试验成立，本次检测结果才有效，再根据样品孔 OD 值或进行按照试剂盒的说明书计算后与判定值进行比较判定结果。计算的方法常有 S/P、S/N、阻断率，其中 S 为样品孔 OD 值，P 为阳性对照孔平均 OD 值，N 为阴性对照孔平均 OD 值，阻断率 =（1–S/N）×100%。阳性表示受检样本中有对应的抗体或抗原，阴性则表示受检样本中无对应的抗体或抗原或者含量超过了检测的灵敏度范围。下面举例说明在用 ELISA 检测中，如何计算及其应用。

以某公司生产的猪瘟病毒阻断 ELISA 抗体检测试剂盒进行检测为例。阳性对照和阴性对照各设两孔，用 630 纳米波长测定每孔的 OD 值。

阻断率计算方法为（1–S/N）×100%，其中 S= 样品孔 OD 630

纳米值，N＝阴性对照孔平均 OD 630 纳米值。

试验成立的条件是阴性对照的平均 OD 630 纳米大于 0.500，阳性对照的阻断率均大于 50%，若试验不成立，有可能是实验操作失误造成，需重新按照说明书，再操作 1 次。

结果判定方法：若被检样品的阻断率小于等于 30%，该样品判为猪瘟抗体阴性；若被检样品的阻断率大于等于 40%，该样品判为猪瘟抗体阳性；若被检样品的阻断率为 30%～40%，该样品判为可疑。

检测结果：阳性对照分别为 0.112 和 0.118，阴性对照分别为 1.025 和 1.105，样品的 OD 630 纳米值分别为 0.578、0.78、0.714。

阳性对照孔的平均值 OD 630 纳米为（0.112+0.118）/2＝0.115，阴性对照孔的平均值 OD 630 纳米为（1.025+1.105）/2＝1.065，阳性对照的阻断率为（1–0.115/1.065）×100%＝89.2%。阴性对照的平均 OD 630 纳米值大于 0.500，阳性对照的阻断率均大于 50%，试验成立。

计算样品的阻断率，样品 1 的阻断率为（1–0.578/1.065）×100%＝45.7%，45.7% 大于 40%，该样品为猪瘟抗体阳性；样品 2 的阻断率为（1–0.78/1.065）×100%＝26.8%，26.8% 小于 30%，该样品为猪瘟抗体阴性；样品 3 的阻断率为（1–0.714/1.065）×100%＝33%，介于 30%～40% 之间，则该样品为可疑。

猪瘟抗体阴性的猪经过加强免疫后，再次检测，若还为阴性，可能是由于这头猪在胚胎期接触猪瘟病毒导致先天性免疫耐受，不宜留作种用，应当淘汰。

3. 免疫层析快速试纸条 免疫层析快速试纸条就是利用抗原抗体反应，硝酸纤维素膜上预先固定好特异性抗原（或抗体）和第二抗体两种捕获剂，分别作为检测带和质控带。反应物是固定于胶体金颗粒。将样品液滴加在试纸条的加样垫上，样品液先溶解固定在结合垫的胶体金，并与之反应形成复合物。当溶液在毛细管作用下到达抗原区域（T 带）时，T 带上的特异性抗原与待测物和胶体金复合物再次发生特异性结合，而被截留在T带上，并显示出颜色。因此，可以根据试纸条T带的颜色深浅或有无来判断样品中是否含有待测物。该方法操作简便、快速、准确、灵敏度高，直观、结果容易判定。检查中样品不必预处理，也大大降低了实验过程中的人为误差和工作强度；实际操作中只需要按照产品说明进行简单的操作，不需要任何仪器设备，已广泛应用于养殖生产中。猪口蹄疫、猪伪狂犬病、猪蓝耳病均可用此方法进行检测。

结果判定方法：

无效：在检测线（T）处，质控线（C）处，都无明显条带出现，判定为试纸条无效。

阴性：在质控线（C）处，出现一条紫红色条带，检测线（T）处未出现一条紫红色条带，说明检测样品中无被检测抗体存在。如果猪群健康，周围环境有被检病的威胁，应当及时进行免疫接种。

弱阳性：在检测线（T）处出现一条很浅的紫红色条带，质控线（C）处，出现一条较深的紫红色条带，判定为弱阳性；说明样品中抗体水平刚好达到阳性值。

阳性：在检测线（T）处，质控线（C）处，各出现一条紫红色条带，判定为阳性。检测线（T）处条带色泽的深浅，依检测样品中抗体效价的高低而变化，效价越高色带越深，反之越浅。

（七）远程诊断

1. 远程诊断 是网络技术与疾病诊断技术相结合的产物，就是将拍摄的群体、个体的录像、图片、文字说明等，依托互联网技术，通过纯软件方式进行高质量、高可靠性的音视频通讯，传递给远方的资深兽医人员，对疾病进行分析、诊断，并与发送者进行“面对面”的多功能交流，指导疾病的预防、诊断和治疗。

2. 远程诊断技术

（1）拍摄 选择合适的摄像设备，按照兽医诊断技术要求和摄影技术要求进行拍摄。

（2）传输　将拍摄的音视频应及时进行传输，在磁盘空间允许的情况下，应将全部音视频传输，让专家进行筛选、诊断。

（3）传输文件　传输的文件要尽量全面，包括饲养管理、疫病防治情况、既往史、临诊症状、病理变化等所有的图片、录像以及文字说明。

3. 猪场远程诊断系统的建立

（1）场地要求　猪场需要建有解剖室，要求光线充足，并配有宽带网络。

（2）所需设备　配有 internet 网，手机、电脑、摄像机、麦克风等。

4. 远程诊断的优点

（1）方便、快速、经济　远程诊断可以使养猪户在当地，并在极短的时间内就可以得到专家对疾病的诊断意见和治疗建议，解决了异地猪场路途遥远的不便，节约了成本。

（2）充分发挥了专家的作用　通过远程技术可以将录像、图片和文字等资料发送给专家，对于疑难杂症可以组成专家组进行会诊，提高疾病诊疗的准确度。

（3）减少了疾病传播的机会　远程诊断通过远程音视频传输，避免了专家直接接触病猪，尤其是烈性、人畜共患病病猪，减少了病原的人为传播机会。

二、猪的治疗技术

（一）药物治疗

1. 药物的选用　猪场猪病的预防和治疗药物的选择应在投入与产出可以接受的范围内，要力求经济效益和社会效益的最大化。

（1）预防性用药

①预防病原性疾病　根据病原特性和疫病的流行特点，选择敏

感的抗菌、抗病毒药物，有计划地添加在饲料或饮水中，预防和控制疾病的发生。主要针对无疫苗预防或疫苗预防的可靠性差的传染性疾病。

②预防营养物质缺乏征疾病　根据猪的饲养标准，以及当地饲料原料营养成分，在饲料配置中添加适量营养物质，主要是微量元素和维生素等，预防其缺乏引起的疾病。

③预防应急综合征　根据气候、饲养环境和其他各种应急因素的变化，在饲料中添加适量的口服补液盐、碳酸氢钠、电解多维和提高机体免疫力的中草药等，缓减各种应急因素引起的应急综合征。

（2）治疗性用药　猪群发病后，通过诊断，选择有效的药物进行治疗。药物的选用严格按照国家的法律、法规进行，禁止使用违禁药品。

2. 用药途径

（1）肌内注射　肌内注射部位选在肌肉发达的耳后颈部、后肢内侧或臀部，其中颈部皮肤松弛，肌肉丰满，易保定，肌内注射时常选耳后颈部。方法是将猪进行保定，手持注射器将针头在注射部位垂直刺入肌肉组织，将药物缓慢注入。如果不能将猪保定，可以先将针头扎进肌肉，然后接上注射器，将药物注入。常用于急性病例和厌食或拒食病猪。注射量大时要分点注射，以免引起由于药物吸收不良而造成的局部肿胀等病变。注射前对局部剪毛、消毒；注射后拔出针头再次消毒和压迫注射针孔。

针头的选择：针头的选择要考虑猪的体重、体况、大小、注射剂量、药物性质、注射深度和注射方法。个体小、皮肤薄、皮下脂肪少，并且注射的液体稀薄，无黏性，可选择针头号小的。个体大、皮肤和皮下脂肪层厚，并且注射液体黏稠，针头号可相对大一些。针头孔的直径越大，单位时间内注射进的药物越多。推荐使用针头要求，肌内注射时，仔猪 10 千克以下，用 9 号针头，长度小于 1.8 厘米；10～30 千克，用 12 号针头，长度 1.8～2.5 厘米；生长育肥猪 30～110 千克，用 12 号针头，长度 2.5～3 厘米；公猪、母猪 110 千克以上，用 12 号或 16 号针头，长度大于 3.5 厘米。

（2）**耳静脉注射**　是将药液直接注射到静脉内，使药液随血流很快分布到全身，迅速发生药效。静脉注射主要用于全身性的疾病和急性病例的治疗、药物不宜皮下或肌内注射、需要的药物剂量大等。猪静脉注射的难点和关键点是确切安全的保定。注射方法是将注射部位涂上碘酒，先用左手按压静脉靠近心脏的一端（耳根），使其怒张，右手持注射器，将针头向上刺入静脉内，如有血液回流，则表示已插入静脉内；如用药剂量小，可行推注，右手推动活塞，将药液注入；如用药剂量大，可行滴注，药液注射完毕后，左手按住刺入孔，右手拔针，在注射处涂擦碘酒即可。

（3）**皮下注射**　是把药液注射到皮肤和肌肉之间。注射部位是在耳部或股内侧皮肤松软处。注射时，先把注射部位涂上碘酒，用左手捏起注射部位的皮肤，右手持注射器，将针头斜向刺入皮肤，如针头能左右自由活动，即可注入药液；拔出针头，在注射点上涂擦碘酒。凡易于溶解又无刺激性的药物及疫苗等，均可进行皮下注射。

（4）**腹腔注射**　主要用于仔猪各种发热、脱水、低温、腹膜炎、危重疾病、其他给药方法药物吸收差及各种情况的紧急补充水分。腹腔注射的液体要进行预热，接近体温后使用。

①仔猪腹腔注射　将猪倒提，保定好后，在倒数第二个乳头外侧 1.5 厘米处附近注射，注射前，皮肤涂上碘酊，在注射部位把皮肤移动一下（使皮肤与腹膜的针孔不在一条直线，注射后皮肤将腹膜的针孔盖上，防止感染），针头垂直于腹部扎进，然后回抽，确定无血液等异物进入注射器，把药品推进腹腔，注射后拔出针头，在注射部位涂上碘酒。

②大猪腹腔注射　大猪仰卧，将后躯抬高，注射前抖动后肢，使其肠管前移，在倒数第二个乳头外侧附近注射，注射前，皮肤涂上碘酒，在注射部位把皮肤移动一下（使皮肤与腹膜的针孔不在一

条直线，注射后皮肤将腹膜的针孔盖上，防止感染），针头垂直于腹部扎进，然后回抽，确定无血液等异物进入注射器，把药品推进腹腔，注射后拔出针头，在注射部位涂上碘酒。

（5）**胸腔注射** 注射部位在右侧胸壁，倒数第6～7肋间与坐骨结节向前做一水平线的交点。注射前需先剪毛消毒，将注射点处皮肤向前移动0.5～1厘米，与胸壁呈垂直在注射点插入针头，回抽为真空后，缓慢注入药液，注射后局部消毒。主要用于治疗气喘病、胸膜肺炎及注射猪气喘病疫苗。

（6）**穴位注射** 这是一种中西医结合的治疗方法，既含有中医的针刺穴位，调节动物机体的生理功能，又有西医的药物治疗作用。

①后海穴注射 后海穴又名交巢穴，位于尾巴提起后尾根腹侧面与肛门之间的凹陷处，位于督脉之上，为督脉经始穴，也是任、督、冲脉三经交会穴。在此穴位注射药物，能刺激动物的神经系统，促进血液循环，调节体液，而达于病变部位，发挥针刺的神经刺激及药物治疗的双重作用；而且通过神经传导见效快，对治疗猪胃肠道及泌尿生殖系统疾病有很好效果。

注射前先用酒精消毒注射部位，注射针头宜用长针头，针头与皮肤呈垂直平稳刺入，稍向上推进。朝上角度过大则刺到尾椎骨上；朝下则刺入直肠内，不仅使注射无效，还损伤了直肠。注射后，注射部位要消毒。

②增食穴注射 位于猪耳后方无毛区向下的凹陷内，左右各一穴。用于治疗猪消化不良，食欲不好，厌食。注射前局部消毒，针头垂直皮肤刺入约3厘米即可。可注射10%葡萄糖注射液、10%樟脑磺酸钠、新斯的明和复合维生素B等药物。

③百会穴注射 百会穴位于腰荐十字部凹陷处。用于治疗后肢麻痹、腰胯痛、泌尿生殖道感染等。注射前局部剪毛、消毒，针头垂直刺入3～4厘米，注入药液。常用药物有硝酸士的宁、新斯的明、安乃近、庆大霉素和卡那霉素等。

④苏气穴注射　同胸腔注射。

（7）内　服

①拌料　将药物均匀地拌入饲料中，主要用于全群性的预防用药和采食量正常的群体慢性疾病的治疗，饲喂时要做到每个猪都能够吃到预防和治疗所需的药物量，预防剂量一般为治疗量的1/4～1/2。当急性病例采食量降低时，一般按照常规的药物剂量拌料达不到治疗效果，如确实需要拌料给药则应测算实际采食量，根据采食量计算增加药物的添加量。

药物内服量与饲料添加量的换算：如果每千克体重每次的口服药物剂量为m（毫克），每日内服的次数为n，猪每日每千克体重的饲料消耗量为w（毫克），每千克饲料中添加量为T（毫克）。则T＝m·n / w。其中w的估算方法，育肥猪为体重的5%，仔猪为体重的6%～8%，种猪为体重的2%～4%。

②饮水　将可溶性药物添加到饮用水中，使每头猪都能够通过饮水得到所需的药量。一般用于全群性的预防用药和采食量、饮水正常的群体疾病的治疗，多用于拌料给药的间隔期。每头猪的饮水量：7～20千克体重阶段，饮水2～4升 / 天；20～50千克体重阶段，饮水4～6升 / 天；50～105千克体重阶段，饮水6～8升 / 天；妊娠母猪，饮水8～12升 / 天；哺乳母猪，饮水16～20升 / 天。药物内服量与饮水添加量的换算：正常生理情况下，饮水添加量是饲料添加量的1/2。

饮水给药应注意，一是饮水受季节的影响，要按照不同的季节计算添加量；二是注意水质，如水质不符合药物添加，则不能采用饮水给药的途径；三是注意药物的适口性，如药物适口性较差时要严格控制添加药物饮水以外的水源，保证喝到足够的药物，达到用药效果；四是食槽在饮水前要清洗干净，饮水器饮水时要随时检查，发现问题及时处理，保证饮水量。

③灌服　用于个体的治疗和采食量不正常的病猪，尤其用于消化道疾病的治疗。如猪挣扎或喊叫时容易将药物吸入肺内引起死

亡，要特别注意方法。

灌服的方法：体重小的猪。将猪放倒，四肢向上，一人抓住两耳，使其紧靠地面，另一人用小木棒横放在口中，将所喂的药物放入瓶中，然后倒入口中让其吞咽。如不吞咽，将鼻孔捏住，吸气时放开，自行吞咽。体重大的猪。将绳子或保定器套在猪的口中，绳子在鼻梁上打一结，向上提，用细的管子放入口中舌根部，将药物倒入，如不吞咽将保定器或绳子再向上提。

（8）外用 主要用于皮肤性疾病的预防和治疗，如疥螨、猪虱及皮肤脓肿等，常用方法包括涂抹、喷雾、浇泼和洗浴。

（二）针灸治疗

常用治疗穴位和方法如下。

天门：两耳中间，脑后窝中一穴。圆针斜向后下方刺入3～8分。主治中暑，脑炎癫痫，昏迷等。

耳尖：耳背面三条大静脉上，距耳尖5分～1寸，每耳各三个穴。小宽针或三棱针刺破血管出血或将耳郭扎通。主治中暑，中毒，发热、感冒、急性肺炎，消化不良等。

人中：拱嘴部上弯曲正中一穴及两侧距中5分处共三穴。小宽针向斜下方刺入2分。主治感冒，发热，咳嗽，鼻炎等。

玉堂：上腭第三腭褶正中旁开3分，左右各一穴。用木棒把嘴撬开，用三棱针从口角斜刺3分出血。主治消化系统疾病，热性病，肺炎等。

顺气：上腭瞬眼二穴。用较细的榆树枝或芨芨草杆插入。主治感冒，咳嗽，肺炎，呕吐，便秘，腹泻，瘫痪，脑膜炎，破伤风等。

抢风：肩关胛后方约3寸的肌肉凹陷中，左右各一穴。圆利针直刺5分～1寸。主治前肢风湿，前肢跛行。

七星：前肢腕后内方有5～7个黑色的小孔，取正中一点，左右各一穴。圆利针直刺2～5分。主治风湿，腕肿，中毒等。

寸子：每肢悬蹄稍上方的骨缝中左右各一穴。小宽针向下斜刺3～5分出血。主治风湿，扭伤，尿闭等。

八字：每肢蹄叉两边距正中约3分有毛无毛交界处，每蹄内外各一穴，共八穴。小宽针向后方刺入3分出血。主治风湿，跛行，腹痛，感冒，中暑等。

苏气：第四、第五胸椎棘突间凹陷中为主穴；倒数第七、第八、第九肋间，距背中线3寸左右各三穴，共七穴。圆利针向下斜刺5～8分（主穴则顺棘突方向刺入）。主治肺炎气喘，感冒，咳嗽等。

肺俞：倒数第六、第七肋间，距背中线3.5寸处，左右各一穴。圆利针向下斜刺5～8分。主治呼吸系统疾病。

脾俞：倒数第二、第三肋间，距背中线2寸处，左右各一穴。圆利针向下斜刺5～8分。主治消化不良，呕吐，肚胀。

百会：腰荐间隙正中一穴。圆利针直刺5分～1寸。主治后肢跛行，便秘，脱肛，泌尿与生殖系统疾病等。

尾尖：一穴。用小宽针将尾尖扎通。主治中暑，感冒，腹痛，风湿，发热等。

后海（交巢）：尾根下方，肛门上方凹陷中一穴。圆利针稍向上方刺入5分～1寸。脱肛经巧治莲花穴送入后穴位注入酒精2毫升。主治消化不良，便秘，腹泻，脱肛等。

大胯：尾根与膝盖骨上方连线的中点，左右各一穴。圆利针向前下方刺入1～1.5寸。主治后肢风湿，后肢跛行。

足三里：膝盖骨下方约2寸肌沟中，左右各一穴。圆利针向后方刺入3～8分。主治消化不良，腹痛，腹泻等。

（三）外科手术

外科手术就是通过手术的方法诊断和治疗疾病。组织切开、止血、缝合，是外科手术最基本的操作方法。

1. 手术前的准备

（1）制定手术计划　手术前要确定手术的时间、手术人员和场所；确定保定方法和麻醉类型；确定实施手术的具体方法，制定手术意外的预防和急救措施。

（2）**手术猪的准备** 准备做手术的猪应进行科学的饲养管理，使其在准备手术前处于正常的生理状态，各项生理指标要接近正常。术前禁食12～24小时。术前将胃肠排空。

（3）**手术场地的准备** 选择合适的场地，并对场地及其周围进行清洗消毒。

（4）**手术所需器械和药品的准备** 准备好手术所需要的器械和药品。

（5）**手术前注射抗生素** 手术前注射一定量的抗生素，使体内抗生素的浓度达到抵抗细菌的程度。

2. 手术实施

（1）**猪的保定** 根据手术要求将猪进行保定。

（2）**消毒** 剃去手术区毛发并清洗，按照无菌原则以切口为中心向外周消毒，如遇会阴部和感染部位的切口依次由外向内消毒手术区，铺无菌创巾。

（3）**组织切开**

①皮肤切开 皮肤切开的方法包括紧张切开法和皱襞切开法。

紧张切开法：在预定切口两侧，用拇指和食指紧张固定皮肤后，先在刀口上角垂直刺透皮肤，然后将刀放斜呈45°角，一刀切至下角即可。

皱襞切开法：用于皮肤移动性较大而又能捏起的部位或离内脏器官和大血管较近的部位。术者和助手将预定切口两侧的皮肤捏起，做成横的皱襞，在皱襞中央自上而下的切开，至所需要的长度为止。

②深层组织切开 一般对深层组织多采取分层切开的方法。切开下面存有大血管和神经的筋膜时，先用镊子将筋膜提起切一小口，再将有沟探针插入筋膜下，然后用刀或剪扩大切口。切开厚大的肌肉时，切口应尽量与肌纤维的方向一致，以免切口过度裂开，

影响缝合；但对影响手术经路的肌肉也可斜切或横切，对扁平肌肉可用刀柄、止血钳或手指顺肌纤维的方向进行钝性分离，对索状组织（如精索）可用撕断、捻断或挫断的方法，以减少出血。

组织切开应遵循以下原则：一是切口应避免损伤大血管，神经及腺体的输出管，以免影响机体机能。二是切口大小长度要适当，要最接近病变部，并使病变部充分暴露。三是切口边缘要整齐，便于缝合使创缘接着密切，缝合后确保创液排出通畅，以利愈合。四是二次手术时，应避免在瘢痕上切开，因为瘢痕组织缺乏弹性，再生力弱，并且容易发生弥漫性出血。五是一般按组织层次分层切开，以便容易识别组织、止血和避免损伤血管、神经。

（4）止血　止血的方法包括钳压止血法、压迫止血法、结扎止血法、集束结扎止血法、填塞止血法、压迫绷带止血法和止血带止血法等。

①钳压止血法　用止血钳挟住出血血管断端，加以压迫或捻转，使血管断端密闭而止血。

②压迫止血法　在手术过程中，血管出血，使用纱布压迫出血部位进行止血。

③结扎止血法　用手术缝合线将血管结扎，是较确实的止血法。

④集束结扎止血法　在出血血管缩入组织深部而又难以分离时，将血管及其周围的组织一起结扎。对于较粗大的组织可采用分束结扎。

⑤填塞止血法　深部大血管出血，而又找不到出血的血管时采用本法，即在创腔内用纱布或其他布块紧紧地填塞，达到止血的目的。填塞纱布或布块时，必须将创腔填满，松紧适度，填塞时间按需要而定，一般不宜过长。但要注意，使用填塞止血法，创腔内应没有感染和破碎组织。

⑥压迫绷带止血法　当静脉及毛细血管出血时，在出血部位放上几层灭菌纱布和棉花，然后用绷带紧紧扎起来。

⑦止血带止血法　多用于四肢及阴茎等处，止血带是富有弹性

的橡皮管或橡皮带，装着前应垫上棉花或纱布以使结扎部受到均匀压迫，装着时，徐徐收紧，直至伤口不流血为止，然后再缠一周固定。缠止血带必须有适当的紧度，如缠的不紧，则因引起静脉瘀血（静脉血回不去，动脉血照样来），使出血反而加剧；如缠得过紧，易损伤局部组织。装着止血带时间不宜过长，以免组织因缺血而发生坏死，无止血带时，可用三角巾和各种绳带代替。此外，手术过程中还可外用止血粉、静注氯化钙等药品进行止血。

（5）缝合 缝合的方法包括间断缝合法和连续缝合法两类。

①间断缝合的方法 包括结节缝合、减张缝合和纽孔状缝合。

结节缝合：是用短线于创缘一侧刺入，在对侧相应的部位穿出，进行打结的方法。常用来缝合皮肤、肌肉、腱、筋膜等组织，本法操作简单，能均匀地使创面、创缘密接，当某一针缝合线断裂或松脱时，不会使创面裂开，但此种缝合需要时间较长，用线较多。

减张缝合：是在结节缝合完毕时，用粗线在距创缘两侧较远的部位，较深地刺入组织，于对侧的相应部位穿出，然后打结，或采用圆枕以防缝合线勒断组织。当缝合部位的张力很大时，应用减张缝合，能减少创围组织张力，防止伤口裂开。

纽孔状缝合：也是一种减张缝合，不仅适用于外部皮肤的缝合，而且也适用于深部组织的缝合。常用于紧张性强的肌肉、腱、筋膜等的缝合。

②连续缝合法 是用一根长缝线连续缝合创口的方法。常用于缝合黏膜、浆膜、薄的肌肉及紧张性不强的皮肤等。它的优点是节约缝线和时间，缺点是一处断裂全部松脱。

对于直肠、肛门、阴道、子宫脱出整复后，以及肠壁小创口，常用袋口缝合法，又称荷包缝合法。缝合时，在肛门、阴门周围或距创缘一定距离处，将缝线依次做平行地刺入与穿出，收紧缝线后打结。

缝合遵循的一般原则：一是必须在无菌条件下进行（除特殊情况外）。二是手术创面须经彻底止血，除去凝血块及异物后实施缝

合。三是皮肤缝合时使其稍外翻，内脏组织缝合时，使其稍内翻。缝合线的结节应结在创口的一侧。四是缝合时要使创缘平整贴紧，缝合针刺入点和刺出点与创缘的距离应相等；在创缘紧张时，须做减张缝合。五是创伤内分泌物多时，应在其下角留引流孔，以便分泌物排出。一般在缝合后须做结系绷带，以保护创口并减少缝线的张力。六是当创伤有化脓、厌氧菌感染或创内有难以消除的坏死组织和大创囊时，不宜进行缝合。

临床上常用的缝合线有丝线、肠线等，最常用的是4～18号的丝线。黏膜、滑膜、肠管缝合可选用4～6号线；中、小血管结扎可选用6～9号线；较薄的皮肤、筋膜、肌肉缝合，大血管结扎等，可用10～16号线；较厚的皮肤、肌肉缝合，阉割结扎精索等，可用18号线。

常用的缝合针有直圆针、全弯针、半弯针等。直圆针用于缝合肠管、滑膜；全弯针缝合肌肉；半弯针缝合皮肤等。

（6）缝线的拆除　一般拆线仅拆除缝合皮肤的线，而不拆埋没在深部组织的缝线。拆线时，先将露在外面的缝线涂以碘酊，然后用镊子将缝线一侧稍向外拉，当露出埋在组织内的部分时，于此处剪断，即可拆除。术部愈合良好，一般术后7～8天即可拆线。腹壁、四肢或紧张力较大的部位，拆线时间不宜少于10天。用减张缝合时，须预先拆除，然后将结节缝合线隔一个拆一个，过一两天后将其全部拆完。如遇创伤化脓裂开或缝线撕裂组织时，应及时拆除。

（7）打结　常用的打结法包括单手打结法、双手打结法和器械打结法。结的种类有平结、外科结和三叠结。

①单手打结法　此法简便、迅速，需要的线较短，应用最多。

②双手打结法　此法较繁，但较牢固，适用于深部组织的结扎。

③器械打结法　用于线头过短时。

（8）术后护理

①观察术后的行为状态，如使用全身麻醉在未苏醒之前，专人

看管，苏醒后做好护理，避免摔伤；吞咽功能没有恢复时，不要饲喂和饮水，防止食物进入气管和肺部。

②提供温暖的圈舍，并保持圈舍清洁卫生；加强营养，给予营养丰富、易消化的饲料，提高机体抵抗力。

③术后 3 天内定时测量猪的体温和随时观察呼吸频率，发现异常及时查找原因，及时制定解决方案。

④术后体质弱而站立困难的猪，要提供人为的帮助，防止躺卧时间太长而引起褥疮和个别器官功能的衰竭。

第六章
猪场常见病防治技术

一、传 染 病

（一）猪　瘟

猪瘟又称猪霍乱、烂肠瘟，是由猪瘟病毒引起的急性、热性、高度接触性和致死性的传染病。猪瘟病毒属黄病毒科瘟病毒属。

【流行特点】

（1）**传染源**　病猪和带毒猪是主要的传染源。

（2）**传播途径和方式**　发病前病毒可随粪便、尿液、各种排泄物和分泌物排出体外，延续整个过程，康复猪在出现特异性抗体后停止排毒；病毒主要经过口腔、鼻腔、结膜、生殖道黏膜、损伤皮肤和胎盘感染易感猪群；易感猪和病猪的直接接触是病毒传播的主要方式。

（3）**易感动物**　本病毒仅感染猪。任何品种、年龄、性别的猪均可感染。

（4）**季节性**　无明显季节性，一年四季均可发生，以春、秋季节严重。

（5）**发病情况**　本病新疫区常呈急性暴发，发病率和死亡率都很高，老疫区病情较为缓和。近年来出现了非典型、温和型猪瘟，临床症状不明显，病理变化不典型。

【临床症状】

潜伏期一般为5～10天，短的2天，最长的可达21天。临床分为最急性型、急性型、慢性型、温和型和繁殖障碍型。

（1）**最急性型** 突然发病，体温可达41℃以上，高热稽留，精神沉郁，食欲减退，饮欲增加，可视黏膜充血，皮肤有针尖样的出血点，尤以颈下、腹部和四肢内侧的皮肤严重，病程1～4天，死亡率可达100%。

（2）**急性型** 是一种常见的病型，体温升高40℃～41℃，稽留不退，濒死期体温降低；精神委顿，两眼无神，低头站立，行动缓慢，尾巴下垂，嗜睡，发抖，扎堆挤在一起。初期眼结膜潮红，眼角处有黏液；便秘，粪便中混有血液或黏液；后期眼结膜苍白，眼睑水肿，眼角处有脓性分泌物，严重的黏着眼睛不能睁开；皮肤发红、发紫（指压不褪色）。食欲降低或废绝，腹泻，粪便呈灰黄色、褐色，或便秘与腹泻交替发生，粪便恶臭；呕吐；公猪包皮内有积液，积液浑浊、恶臭或带有白色沉淀物。

（3）**慢性型** 严重腹泻，或腹泻和便秘交替进行；粪便中带有黏液和血液。消瘦，贫血，食欲不振，行动迟缓，虚弱，走路摇摆；皮肤有大片的陈旧紫红色出血斑和坏死痂。有的有神经症状。

（4）**温和型** 病情时好时坏，体温40℃左右；皮肤有坏死和瘀血，腹部皮肤严重，有时耳朵、尾巴和蹄部出现紫色斑。

（5）**繁殖障碍型** 妊娠母猪随着感染期的不同，出现流产，产死胎、木乃伊胎；新生仔猪腹泻，消瘦，先天性震颤，死亡。

【病理变化】

（1）**最急性型** 眼观病理变化不明显。浆膜、黏膜和肾脏仅有少数出血点，淋巴结潮红、出血和轻度肿胀。

（2）**急性型** 具有典型的病理变化。各组织器官出血。皮下组织、脂肪和肌肉有出血点；淋巴结肿胀、出血，切面呈红白相间的大理石样的病变或红黑色外观；脾脏边缘有突出表面的黑红色的出血性梗死（具有诊断价值）；肾脏色泽变淡，表面有大小不等的出

血点，出血点多的似麻雀卵，称麻雀卵肾；口腔、牙龈有出血点和溃疡灶，喉头、咽部和会厌软骨黏膜有出血点；扁桃体坏死、化脓；胸腔液增量，胸膜有出血点；心外膜、心内膜及心耳有出血点；肺水肿，有斑点状出血；胃肠黏膜、浆膜有斑点状出血；胃肠黏膜出血呈卡他性炎症，胃黏膜轻度糜烂、溃疡；大肠出血、淋巴滤泡肿胀、周边出血，盲肠和回盲瓣附近淋巴滤泡出血和坏死；膀胱黏膜有出血点或血肿；脑膜和脑实质有出血。

（3）**慢性型**　主要表现为坏死性肠炎。全身脏器有陈旧的出血斑点；回盲瓣有纽扣状溃疡；断奶仔猪患病肋骨末端与软骨联合处到肋骨近端有半硬的骨结构形成的明显横切线。

（4）**温和型**　病理变化较轻微，尤其是特征性的变化出现得少。

（5）**繁殖障碍型**　仔猪水肿，全身皮下水肿，头部水肿似牛头状，胸、腹水增多；皮肤有出血斑点，肾点状和弥漫性出血，肾皮质有裂缝，淋巴结肿大出血，胃肠出血斑、点，心肌出血，心内膜炎，膀胱有出血斑、点，脑出血。

【防治要点】

（1）**预　防**

①做好引种检疫工作　从非疫区引猪，购入后要隔离 28 天，确认健康后方可进入生产区。

②切断传播途径　定期对种猪群进行抗原抗体的检测和检查，及时淘汰感染猪瘟野毒的阳性猪，净化猪群；制定科学的消毒计划。

③保护健康猪群　根据本场猪群猪瘟抗体消长规律，制定科学的免疫程序。实验表明，间接血凝抗体滴度为 1∶32～64 时攻毒可获得 100% 的保护，1∶16～32 时攻毒可获得 80% 的保护，1∶8 时完全不能保护。仔猪母源抗体间接血凝抗体滴度为 1∶32 时，为仔猪首免日龄，以后根据抗体的检测和检查制定二免日龄。母猪在配种前 1～2 周进行免疫，保护胎儿，提高哺乳期初乳的抗体水平，使仔猪得到母源抗体的保护。

④及时隔离封锁　发现病猪和可疑病猪要与健康猪群及时隔离，将疫情控制在最小范围，就地扑杀。严禁饲养人员以及用具流动，对被污染物品和场所进行无害化处理，对出入人员和车辆进行严格消毒。

推荐免疫程序

猪瘟阴性的猪场：仔猪出生后哺乳前，立即接种猪瘟兔化疫苗，2小时后再进行哺乳，70日龄加强免疫1次，后备猪在配种前1个月再免1次，经产母猪产后21～25天，免疫1次，种公猪每年免疫2次。

猪瘟阳性的猪场：仔猪出生后哺乳前，立即接种猪瘟兔化疫苗，2小时后再进行哺乳，断奶后1周和5周各免疫1次，后备猪在配种前1个月再免1次，经产母猪产后21～25天，免疫1次，种公猪每年免疫2次。

定期对猪群进行猪瘟抗体监测，全面了解本场猪瘟的流行情况和感染情况，适时调整免疫程序，使抗体水平达到保护要求，淘汰猪瘟阳性猪，尤其是要淘汰带毒种猪，培养健康的种猪群，切断传染源。

（2）**治疗**　目前，无有效的治疗药物。贵重的猪在发病的早期可用抗猪瘟高免血清有一定的疗效，中后期效果不佳。对于发病的猪群，对假定健康的猪群进行紧急免疫接种。

（二）猪繁殖与呼吸综合征

猪繁殖与呼吸综合征（PRRS）是由PRRS病毒（PRRSV）引起的猪的一种繁殖和呼吸障碍的传染病。其特征是发热、厌食，妊娠母猪后期发生流产，产死胎、木乃伊胎，仔猪发生呼吸系统疾病和大量死亡。猪繁殖与呼吸综合征病毒属于动脉炎病毒科，动脉炎病毒属。

【流行特点】

（1）**传染源**　病猪和带毒猪是主要的传染源。

（2）**传播途径和方式**　感染母猪可随鼻分泌物、粪便、尿液等排出病毒。耐过以后可以长期带毒并不断排毒。主要经呼吸道感染，也可垂直传播，含有病毒的精液也可感染母猪。空气传播为主要传播方式。

（3）**易感动物**　猪是唯一的易感动物，主要侵害繁殖母猪和仔猪。

（4）**季节性**　无明显季节性。

（5）**发病情况**　饲养环境恶劣，气候骤变可促进本病的流行。

【临床症状】临床症状因病毒毒株、猪对病毒敏感程度、猪的免疫状态，以及是否有并发或继发感染的不同而异，差别很大。各种猪可以表现为，发热，精神不振，厌食或拒食。潜伏期，人工感染为 4～7 天，自染感染一般为 14 天。

（1）**母猪**　体温高达 40℃～41℃，咳嗽，呼吸困难，腹式呼吸，皮肤发绀。妊娠后期出现流产，产死胎，木乃伊胎，每窝的死胎数差别很大；正常生产期生产的仔猪中有正常仔猪、弱仔、自溶仔猪和木乃伊，死胎包裹一层由羊水和胎粪组成的褐色混合物，母猪泌乳量减少或无乳；母猪间情期延长或不孕。

（2）**仔猪**　产后 1 周的哺乳仔猪死亡率很高，体弱，打喷嚏，呼吸困难，腹式呼吸，腹泻，共济失调，眼睑和结膜水肿。断奶仔猪精神萎靡，腹泻，呼吸困难，咳嗽，部分仔猪耳部发紫，身体末端皮肤发绀。对刺激敏感。

（3）**育肥猪**　有轻度厌食，呼吸快，发病率低，少数猪耳部、腹侧及外阴部皮肤出现一过性青紫色或蓝色斑块，眼肿胀，结膜炎，腹泻。

（4）**公猪**　精神不振，食欲减退，咳嗽，喷嚏，呼吸困难，性欲降低，精液品质下降。

【病理变化】主要病理变化是肺，呈弥漫性间质性肺炎，肺水肿。可见皮下脂肪和肌肉等部位水肿，胃肠道出血、溃疡、坏死。

仔猪可见胸腔内有多的清亮积液，肠系膜水肿。胎儿脐带一部分或全部出血。胎儿具有诊断意义的是脐带部位的出血面积为正常由坏死性化脓和淋巴细胞脉管炎引起的出血面积的3倍。

【防治要点】

（1）预　防

①做好引种检疫工作　从非疫区引猪，对新引进的猪进行隔离观察，并检疫监测，确认健康后方可进入生产区，防止将病毒引入。

②切断传播途径　定期对种猪群进行抗原抗体的检测和检查，及时淘汰感染病猪和带毒猪，净化猪群；制定科学的消毒计划，彻底消毒。

③加强饲养管理　实行全进全出的管理，保育舍和育成舍不要共用一个通风口；淘汰病猪和带毒猪。

④免疫接种　根据猪场和当地的情况，可选用弱毒苗或灭活苗，使用时严格按照说明进行。

⑤药物预防　育肥猪和母猪，每1 000千克饲料添加利高霉素1.2千克＋阿莫西林200克，连用14天。支原净120克＋多西环素160克，连用14天，同时1 000升水中添加阿莫西林200克，连饮14天。每200升饮水中添加头孢拉定粉100克，连用10天。

（2）治疗　没有特效治疗药物，发生本病后，可以使用抗生素以防止继发细菌性感染，并配合支持疗法，提高自身免疫力，可大大提高成活率。

（三）高致病性猪蓝耳病

本病是由猪繁殖与呼吸综合征病毒的变异株引起的一种急性高致死性疫病。仔猪的发病率可达100%，死亡率可达50%以上，母猪流产可达30%以上，育肥猪也可发病死亡是其特征。病原体为猪繁殖与呼吸综合征病毒的变异株。

【临床症状】体温明显升高，可达41℃以上；眼结膜炎、眼睑水肿；咳嗽、气喘等呼吸道症状；部分猪后躯无力、不能站立或共

济失调等神经症状；仔猪发病率可达 100%、死亡率可达 50% 以上，母猪流产率可达 30% 以上，成年猪也可发病死亡。

【病理指标】 可见脾脏边缘或表面出现梗死灶，显微镜下见出血性梗死；肾脏呈土黄色，表面可见针尖大至小米粒大出血点斑，皮下、扁桃体、心脏、膀胱、肝脏和肠道均可见出血点和出血斑。显微镜下见肾间质性炎，心脏、肝脏和膀胱出血性、渗出性炎等病变；部分病例可见胃肠道出血、溃疡、坏死。

【防治要点】

（1）预　防

①加强管理　引种时加强检疫监测，从无疫区引种，引入后隔离饲养，1 个月后由当地动物卫生监督机机构检疫合格后方可进入生产群，投入使用。实行“全进全出”式的管理方式。

②免疫接种　应用高致病性猪蓝耳病灭活苗或弱毒苗，同一猪场用同一毒株的疫苗。免疫程序按说明书进行。

（2）治疗　无特效的治疗药物。

（四）口 蹄 疫

口蹄疫是由口蹄疫病毒引起的偶蹄动物共患的一种急性，热性，接触性传染病；主要以蹄部、鼻镜、口腔黏膜、乳房等部位出现明显的水疱，蹄痛、跛行为特征。口蹄疫病毒属小核糖核酸病毒科，口蹄疫病毒属，口蹄疫病毒目前可分为 7 个血清型，即 A、O、C、SAT1（南非 1 型）、SAT2（南非 2 型）、SAT3（南非 3 型）及 Asia I 型（亚洲 I 型）。

【流行特点】

（1）传染源　病猪和带毒猪是主要的传染源。发病初期的病猪排毒量多，排毒力强，是最危险的传染源。

（2）传播途径和方式　病原体随粪、尿、乳、唾液、呼出的气体和精液等分泌物、排泄物排出体外。传播方式包括直接接触和间接接触，空气也是一种重要的传播媒介，病毒能随风引起远距离的跳跃式传播。病毒常通过消化道、呼吸道、破损的皮肤、黏膜、眼结膜而感染。

（3）**易感动物** 偶蹄兽易感性较强。

（4）**季节性** 无明显季节性，但是寒冷季节多发。

（5）**发病情况** 口蹄疫是一种传染性极强的传染病，传播迅速，不易控制和消灭，本病的流行具有一定的周期性，由于饲养量和密度增大，更新加快，近年来连续流行。

【临床症状】 潜伏期1～4天。初期体温高达40℃～42℃，精神不振，食欲不振或废绝，跛行，卧地不起，战栗，四肢集中于腹部底下。蹄冠状带、蹄叉、鼻盘、乳房、乳头、口腔黏膜和舌黏膜等部位出现大小不等的水疱、溃疡，蹄壳变形或脱落。仔猪腹泻、呕吐，死亡率高达80%以上，哺乳仔猪死亡率可达100%。妊娠母猪可引起流产。

【病理变化】 特征性的病变主要是蹄部、口腔、鼻盘和乳房出现水疱和溃疡。仔猪主要表现为急性胃肠卡他性病变，严重的心肌松软、心肌外膜灰白色和出血，心肌有灰白色、灰黄色坏死灶，心肌切面有白色或淡黄色斑点、条纹，俗称“虎斑心”。

【防治要点】

（1）**预 防**

①做好引种检疫工作 从非疫区引猪，确认健康后方可进入生产区。

②紧急预防 当发现疑似病例，严格执行我国的动物防疫法，立即上报动物防疫部门；迅速对疫区进行封锁，划出一个隔离带；病猪和同群猪隔离急宰，并做无害化处理；严禁疫区的猪及产品运出；对污染的猪舍及场所要进行彻底消毒；对受威胁的猪进行紧急免疫接种；待最后1头病猪处理后14天，彻底消毒后方可解除封锁。

③免疫接种 免疫接种猪口蹄疫O型灭活疫苗，耳根后肌内注射。免疫保护期为6个月。体重10～25千克猪每头1毫升；25千

克以上猪每头 2 毫升。种猪每年免疫 3～4 次。

（2）**治疗**　口蹄疫一般不许治疗，应进行扑杀。如珍贵动物应在严格的隔离条件下治疗，通过精心护理和辅助治疗，可以减少死亡率。

（五）猪传染性胃肠炎

猪传染性胃肠炎是由猪传染性胃肠炎病毒引起的一种高度接触性、急性肠道传染病。以体温升高、呕吐、严重腹泻、高度脱水为主要特征。猪传染性胃肠炎病毒为冠状病毒科冠状病毒属。

【流行特点】

（1）**传染源**　病猪和带毒猪是主要的传染源。

（2）**传播途径和方式**　病毒随粪便、鼻分泌物、乳汁以及呼出的气体排到体外，经呼吸道、消化道感染。

（3）**易感动物**　本病毒仅感染猪。任何年龄的猪均可感染，7 日龄以内的哺乳仔猪最易感染。

（4）**季节性**　有明显的季节性，多发生在冬、春寒冷季节，有时温暖季节亦有发生。

（5）**发病情况**　本病哺乳仔猪发病和死亡率都很高，随年龄增长，症状变的轻微，大多数能自愈；新疫区呈暴发型，传播快，流行广，几乎所有的猪均可感染；老疫区，则发病率低和死亡率低，症状轻微，呈地方性流行。

【临床症状】潜伏期，随年龄的不同而有所变化，仔猪 12～24 小时，大猪 2～4 天。发病快。哺乳仔猪突然呕吐，水样、喷射状腹泻，粪便呈黄绿色或灰白色，带有未消化的凝乳块，气味恶臭；迅速脱水、消瘦，饮水量增加，死亡率高；断奶仔猪水样、喷射状腹泻，粪便呈灰色、褐色，消瘦、发育不良，全身被粪便污染。育肥猪，成年猪食欲不振，水样腹泻，喷射状，个别猪有呕吐，3～7 天腹泻停止而康复。哺乳母猪泌乳量减少或停止。

【病理变化】主要病理变化是胃和小肠。哺乳仔猪胃内充满未消化的凝乳块。3日龄仔猪约50%在胃底黏膜有充血或不同程度的出血，小肠内充满白色或黄绿色液体，含有泡沫和未消化的小乳块，肠管呈半透明状，肠壁变薄，无弹性。

【防治要点】

（1）预　防

①加强管理　保持圈舍通风、干燥、卫生；严格消毒；寒冷季节做好圈舍防寒保暖工作。发现病猪及时隔离。

②免疫接种　推荐免疫程序：一是常规预防接种，使用猪传染性胃肠炎、猪流行性腹泻、猪轮状病毒（G）三联活疫苗，后海穴注射。妊娠母猪产前40天接种，20天后二免，所生仔猪断奶后7～10日接种。未免疫妊娠母猪所生仔猪，3日龄接种。二是紧急预防接种，上述疫苗可以进行紧急预防接种，但是在没有疫苗的情况下，发病猪场，如果妊娠母猪尚未感染，预产期在2周后，饲喂没有经过治疗的猪传染性胃肠炎病死猪肠道组织，使其在哺乳期获得免疫力，此方法是在确保病猪肠道组织中无其他病原体存在的情况下使用；预产期不到2周，加强圈舍消毒，提高温度，确保不被病毒感染。

（2）治疗　以对症治疗为主。包括补液、止泻、收敛。最主要的是及时补液，可应用口服补液盐。为防止细菌性疾病的并发和继发感染，可应用抗生素。不同日龄的猪，其治疗效果不同，1周龄内的初生仔猪，几乎来不及治疗已经脱水，酸中毒死亡。

①口服　1～2周龄的哺乳仔猪，5%葡萄糖生理盐水15～30毫升、矽炭银1～2克和庆大霉素3～5毫升（或链霉素10～15单位），每日2次，连用3天。2周龄到断奶哺乳仔猪，5%糖盐水15～30毫升、庆大霉素5毫升（或链霉素40单位），每日2次，连用3天。断奶仔猪饮水中添加10%葡萄糖和生理盐水。醋蒜合剂2千克蒜泥+4千克醋浸泡2～3天，取其上清液，每日2次，每次2～3毫升，连用3天。

②肌内注射　庆大霉素、盐酸土霉素等。

③腹腔注射　5% 糖盐水＋庆大霉素＋5% 碳酸氢钠注射液。

④外用　腰背部涂抹利福平透皮剂 5～10 毫升，每天 2 次，连用 3 天。

⑤特异性治疗　发病早期可应用高免血清治疗，同窝未发病的可用于预防。

（六）猪流行性腹泻

猪流行性腹泻是由猪流行性腹泻病毒引起的一种急性接触性肠道传染病。传播快、分布广，主要表现为呕吐、腹泻、食欲下降和脱水。猪流行性腹泻病毒为冠状病毒科冠状病毒属。

【流行特点】

（1）**传染源**　病猪是本病的主要传染源。

（2）**传播途径和方式**　病毒随粪便排出体外，污染环境、饲料及工具；主要经消化道感染。

（3）**易感动物**　本病毒任何年龄的猪均可感染，哺乳仔猪最严重。

（4）**季节性**　有明显的季节性，多发生在冬春寒冷季节，有时在温暖季节也有发生。

（5）**发病情况**　各种年龄的猪均可以感染，易感猪群暴发本病时发病率和死亡率差异很大，越小的猪越易感染，症状越明显，发病率和死亡率越高。

【临床症状】潜伏期为 22～36 小时。临床症状明显期为 4～5 天。主要症状水样腹泻。病猪腹泻，粪便开始为黄色黏稠，随后为灰黄或灰白水样，并黏附于身体；呕吐，呕吐多发生在哺乳和采食以后；脱水，消瘦，皮肤有皱缩。精神委顿，厌食；有的体温升高，运动僵硬；7 日龄以内的哺乳仔猪，平均死亡率达 50%，有的可达 100%。断奶仔猪、育肥猪及母猪精神不振，厌食，腹泻 4～7 天以后逐渐恢复正常；成年猪仅有精神沉郁、呕吐、厌食症状，死亡率极低。

【病理变化】病理变化主要在小肠。肠壁变薄，肠内充满黄色液体；肠系膜充血，淋巴结水肿；胃内空虚，有的充满胆汁样黄色液体。

【防治要点】

（1）预　防

①加强管理　引猪时从无疫区引入，加强隔离、检疫，防止将病原体引入。提供合理的营养物质，提高机体抵抗力；保持圈舍干净和干燥，严格消毒，清除场内病毒。猪舍在进猪前，要对猪舍彻底消毒；发病期严禁人员和工具在圈舍间移动，猪舍中的猪只出不进。发病期或发病后 3 个月内的粪便及病死猪要做无害化处理。

②免疫接种　推荐免疫程序同猪传染性胃肠炎。

（2）治疗　本病采取对症辅助疗法。应用抗生素，防止细菌继发感染；补充口服补液盐，防止脱水，增强机体抵抗力。

①饮水　灌服补液盐 50 毫升。

②口服　阿莫西林 0.3 克＋庆大霉素 2 毫升＋蛋黄粉抗体 3 克。

③腹腔注射　5% 糖盐水 50 毫升和 5% 碳酸氢钠注射液 5 毫升，同时肌注庆大霉素、土霉素和氟苯尼考等抗生素。复方氯化钠注射液加热到 37℃～38℃，250 毫升，加青霉素 40 万单位和链霉素 1.3 克，每天 2 次，连用 3 天。5% 葡萄糖注射液 200～300 毫升，加硫酸黄连素 80～120 毫克，每天 2 次，连用 3 天。

④肌内注射　仔猪，硫酸黄连素注射液 5～10 毫升，每天 1 次，连用 5 天。硫酸庆大小诺霉素注射液 16 万～32 万国际单位，地塞米松注射液 2～4 毫克，每天 1 次，连用 2～3 天。痢菌净 0.5 毫升 / 头，每天 2 次，连用 3 天。

⑤仔猪后海穴注射　硫酸庆大小诺霉素注射液 16 万～32 万国际单位，连用 2～3 天。

（七）猪圆环病毒感染

猪圆环病毒感染是由猪圆环病毒 2 型感染引起的一种免疫抑制性传染病。主要特征为体质下降、消瘦、贫血、黄疸、生长发育不良、腹泻、呼吸困难、母猪繁殖障碍、内脏器官和皮肤广泛病理变

化。猪圆环病毒为圆环病毒科圆环病毒属。

【流行特点】

（1）传染源　病猪和带毒猪是主要的传染源。

（2）传播途径和方式　病毒可随粪便、鼻腔分泌物排出体外污染饲料、水源和周围环境，通过呼吸道、消化道和胎盘引起感染。

（3）易感动物　猪是其天然宿主。任何年龄的猪均可感染，特别是哺乳期和保育期仔猪易感性最强，尤其是5～12周龄的猪。

（4）季节性　无明显的季节性。

（5）发病情况　本病的发生与营养、环境、管理等多种因素有密切的关系；以散发为主，初次为急性暴发。

【临床症状】

（1）传染性先天性震颤　出生1周内仔猪，在运动、吃奶等外界因素刺激下，身体双侧震颤，轻重不一，休息时震颤消失，如果仔细护理，3周后症状消失，其生长速度减慢。

（2）断奶仔猪多系统衰竭综合征　主要发生于5～12周龄，尤其8～10周龄的断奶仔猪。精神不振，食欲减退，渐进性消瘦，生长缓慢，被毛粗糙，皮肤苍白，黄染，腹泻；打喷嚏，咳嗽，呼吸困难；体表淋巴结肿大，尤其是腹股沟淋巴结明显，有时突然死亡。

（3）皮肤、肾病综合征　精神沉郁，厌食，体温升高，呼吸困难，消瘦，腹泻，粪便呈黑色；皮肤有圆形或不规则形状、大小不一的红紫色斑及丘状突起，中间为黑色，丘状突起融合成坏死斑块，四肢远心端的皮肤严重，紫色褪去留下疤痕。

（4）繁殖障碍症　妊娠母猪特别是初产母猪和新引进的母猪，出现流产、早产、产死胎、木乃伊胎；母猪返情率高。

【病理变化】

（1）传染性先天性震颤　无明显的肉眼病理变化。

（2）断奶仔猪多系统衰竭综合征　全身淋巴结肿大，变化多样，有白色、红色和紫色等，切面硬度增大，有出血、坏死；胸腺皮质萎缩；脾脏肿大、出血、边缘有出血性梗死及丘状突起，肉样变，病程久的脾机化萎缩；肾脏肿大，表面颜色不一，呈苍白色、土黄色、紫红色，有出血点、坏死灶；肾上腺肿大；肺脏衰竭或萎缩，似橡皮样，外观灰色至黄褐色斑驳状，有的呈纤维素性肺炎，胸腔有淡黄色积液，并有纤维素性渗出。肝脏质脆，肿大或萎缩，表面呈灰白色、灰黄色；胆汁浓稠，内有尘埃样的残渣。心包积液，心肌松弛，颜色变白，有纤维素性心包炎。

（3）皮肤、肾病综合征 皮肤有形状、大小不一的突出于表皮的红紫色的丘状突起，中间为黑色。肾脏肿胀，质地硬，呈苍白、土黄色，被膜不易剥离，表面有大小不等的出血点或坏死灶；心包积液；胸腔积液，肺脏呈灰红色。

【防治要点】

（1）预防 本病的发生与多种因素有关，应以综合防制为主。

①加强饲养管理 提供营养丰富的饲料，提高机体抵抗力；保持圈舍良好的饲养环境、饲养密度，减少寒冷、暑热、转群、免疫和去势的应激，发现病猪立即隔离，加强消毒以防止本病的扩散。

②药物预防 断奶后1周根据猪群的实际情况在饲料中添加氟苯尼考、多西环素、泰妙菌素、泰乐菌素、替米考星、林可霉素等预混剂，连用10～14天；可以单独使用，也可采用药物组合的方法。

③免疫接种 应用疫苗进行免疫，可有效地预防疫病的发生，降低猪圆环病毒对猪群的危害，是防控猪圆环病毒感染最为有效的手段之一。

推荐免疫程序

使用猪圆环病毒2型灭活疫苗，颈部肌内注射。后备母猪配种前免疫2次，间隔21天；产前1个月加强免疫1次；经产母猪跟胎免疫，产前1个月免疫1次；仔猪无母源抗体，2周龄免疫1次，间隔21天，加强免疫1次；仔猪有母源抗体的仔猪，3～4周龄免疫1次，间隔21天，加强免疫1次；种公猪首次免疫2次，间隔21天，以后每年免疫2次。

（2）治疗　无有效的药物治疗，发病后可实行对症疗法，提高机体抵抗力，防止继发细菌性感染。

（八）猪伪狂犬病

猪伪狂犬病是由伪狂犬病病毒引起的猪的一种急性传染病。其特征为体温升高，新生仔猪主要表现为神经症状，腹泻；妊娠母猪流产、死胎，呼吸系统症状；公猪繁殖障碍，呼吸系统症状。伪狂犬病毒属疱疹病毒科甲疱疹病毒亚科。

【流行特点】

（1）传染源　野猪是病毒的潜在储存宿主和家猪的传染源。病猪、带毒猪及带毒鼠是猪场主要的传染源，病毒的自然宿主是猪。

（2）传播途径和方式　病毒随鼻分泌物、唾液、乳汁、尿液、流产胎儿、阴道分泌物和胎盘等排出体外。主要通过鼻与鼻的直接或间接的接触传播，也可通过生殖道和胎盘传播，或接触病死动物的尸体。病毒在适宜的条件下，能够以气溶胶的形式传播。

（3）易感动物　易感动物很多，但是猪是感染后唯一可以存活的物种。

（4）季节性　本病一年四季均可发生，但在寒冷季节和产仔多的时候易发。

（5）发病情况　各种年龄的猪均可以感染。感染后并不是圈舍内所有的猪都感染，感染率为10%～90%。发病和死亡率取决于猪的年龄，哺乳仔猪日龄越小，发病和死亡率越高，断奶后的仔猪多不发病，但可长期带毒排毒。易感性与猪群密度、猪群的变动有关。

【临床症状】潜伏期一般为3～6天，也有达10天的。临床症状以及严重程度取决于猪的年龄、病毒毒力、感染途径和猪群的免疫状况。

（1）哺乳仔猪　新生仔猪精神不振，昏睡，厌食，24小时内出现共济失调和抽搐。体温升高（41℃～41.5℃），眼眶发红，眼睑肿胀，呕吐，腹泻，鸣叫，震颤，唾液分泌增多，眼球震颤，一只耳朵向后展，后躯麻痹，犬坐状，步态异常，转圈，角弓反张，侧卧四肢划游等神经症状；皮肤出现紫色斑点。3～5天死亡达到高峰，有的整窝死亡。

（2）**断奶后的仔猪** 体温升高（41℃～42℃），精神不振，厌食，打喷嚏，咳嗽，呼吸困难，腹泻，被毛粗乱，神经症状。出现神经症状的猪死亡率可达100%。

（3）**育肥猪** 精神委顿，食欲不振，消瘦，发热，打喷嚏，有较轻微咳嗽，鼻有分泌物，神经症状等，死亡率低。

（4）**妊娠母猪** 呼吸道症状明显；繁殖障碍，妊娠3个月前感染，重新发情；妊娠3个月以后感染，流产，产死胎、木乃伊胎，其中死胎较多；临近预产期感染，产弱仔，1～2天发病死亡。分娩期提早或延迟；母猪返情率高。

（5）**种公猪** 有呼吸道症状，睾丸肿胀，萎缩，丧失配种能力。

【病理变化】 主要病理变化，鼻腔卡他性或化脓性炎症，咽喉部水肿；肺脏水肿，出血，散在的小叶性坏死；扁桃体出血、水肿、坏死；肝脏表面有大小不等的坏死灶；脾脏有大小不等的坏死灶；肾脏有点状出血和灰白色坏死灶；流产母猪子宫内膜炎，子宫壁水肿、增厚。脑膜明显充血、出血、水肿，脑脊髓液增多；胃黏膜有卡他性炎症或出血性炎症，胃底可见大面积出血。

【防治要点】

（1）**预　防**

①加强饲养管理 引猪时一定要进行检测；定时对本猪场猪群进行检测，制定合理的免疫程序；猪场严禁养猫、狗，做好灭鼠工作；严格消毒；发现病猪及时隔离，消毒，严禁工作人员流动；对排泄物及死猪做好无害化处理。

②免疫接种 疫苗的选择有弱毒苗、灭活苗和基因重组疫苗。一般繁殖母猪用灭活苗；育肥猪可用弱毒苗。在疫区和受威胁的地区可使用弱毒苗。应用鼻内接种弱毒活疫苗的方式，可以在急性感

染期有效地抑制病毒的复制和排毒过程，可应用于首次感染病毒猪群的仔猪。

推荐免疫程序

种猪：应用灭活疫苗，首次免疫后，间隔 4～6 周再加强免疫 1 次，作种用配种前 1 个月再免疫 1 次，妊娠母猪产前 1 个月免疫 1 次，种公猪每 6 个月免疫 1 次。在疫区和受威胁的地区可使用基因缺失弱毒苗。

仔猪：60～70 日龄免疫 1 次，间隔 4～6 周加强免疫 1 次，育肥加强免疫后直至出栏。

（2）**治疗**　目前尚无特效治疗方法，应用高免血清对断奶仔猪有明显的效果。通过免疫可以减轻临床症状和降低经济损失，但是不能阻止病毒扩散。

（3）**净化**　通过应用标记疫苗进行系统全面的免疫、猪群血清学 gE 抗体的检测、淘汰感染种猪和最终禁止免疫 4 个环节实现净化。

①选用猪伪狂犬 gE 缺失疫苗。

②对种猪群逐一进行 PRV-gE 抗体检测。

③淘汰感染种猪

RV-gE 抗体检测阳性率小于 10%，且生长猪群或育肥猪群血清学检测为阴性的猪场，一次性淘汰血清学阳性的种猪，种猪群必须每 30 天检测 1 次，直至检测种猪群中 1 次或连续 2 次为阴性。

RV-gE 抗体检测阳性率大于 10%，种猪群按照免疫程序进行免疫，每季度进行抽样检测，当种猪群 RV-gE 抗体检测，阳性率小于 10%，一次性淘汰血清学阳性的种猪。

对所有后备种猪逐一进行 RV-gE 抗体检测，对检测出为阳性猪无论性状如何，一律淘汰。

④禁止免疫。

（九）猪细小病毒病

猪细小病毒病是由细小病毒引起的猪的繁殖障碍的一种疾病。其特征是初产母猪产死胎、木乃伊胎及病弱仔猪。细小病毒属细小病毒科，细小病毒属。

【流行特点】

（1）传染源 受感染的母猪、公猪和被污染的圈舍是本病的主要的传染源。

（2）传播途径和方式 病毒可通过流产的胎儿、死胎、子宫分泌物、公猪精液等不同的途径排出体外，主要经消化道、呼吸道和胎盘感染。

（3）易感动物 猪是目前已知的唯一的宿主。

（4）季节性 本病一年四季均可发生。

（5）发病情况 发病主要见初产母猪，妊娠前没有产生免疫力的后备母猪，被感染和形成繁殖障碍的危险性高。

【临床症状】主要症状母猪繁殖障碍，不孕、流产、死产、新生仔猪死亡和产弱仔。妊娠期和产仔间隔时间延长。在妊娠期感染的时间不同，临床表现有一定的差异，初期感染母猪不分娩而发情，30～50天感染，流产主要产出木乃伊胎，50～60天感染主要产死胎，70天以后感染，大多数能正常生产，但仔猪终身带毒。妊娠母猪本身腹围减小，表现为产仔数减少。

【病理变化】眼观病变，母猪子宫内膜炎，胎盘部分钙化。死胎、病死仔猪和弱仔皮下出血，充血，水肿，体腔积有淡黄色或淡红色的液体。

【防治要点】

（1）预　防

①加强管理　加强检疫，控制本病传入；被污染的猪场，新生仔猪断奶后移到无污染的环境，可培养为阴性猪。

②免疫接种　常用疫苗有弱毒苗和灭活苗，用于配种前2个月

的初产猪，经产猪抗体为阴性的也应进行免疫。

2. **治疗**　本病尚无有效的治疗方法。

（十）猪　痘

本病是由痘病毒引起的一种急性、热性传染病。以皮肤、偶尔黏膜发生红斑、丘疹、水疱、脓疱和结痂为特征。痘病毒为痘病毒科猪痘病毒属。

【流行特点】

（1）**传染源**　病猪和病愈带毒猪是传染源。

（2）**传播途径和方式**　主要由通过血虱、蚊、蝇等吸血昆虫传播，也可以经消化道和呼吸道感染。

（3）**易感动物**　猪是目前已知的唯一的宿主。

（4）**季节性**　本病一年四季均可发生，温暖季节多发，常呈地方性流行。

（5）**发病情况**　1～2月龄的仔猪感染率高，多为良性经过。

【临床症状】精神不振，食欲降低，体温升高。腹部、四肢内侧、鼻盘、外阴部、背部及耳郭等皮肤出现突出皮肤，半球状，表面平整痘疹，痘疹一般见不到水疱就变为脓疱，脓疱破溃，最后形成棕黄色结痂。病程半个月左右，一般呈良性经过。

【防治措施】

（1）**预防**　做好消灭虱、蚊、蝇等吸血昆虫的工作，严格消毒，发现病猪及时隔离。目前尚无有效疫苗免疫。

（2）**治疗**　防止细菌的继发感染可以在病灶处涂抹抗生素软膏。

（十一）日本乙型脑炎

日本乙型脑炎，又称流行性乙脑，简称乙脑。是由流行性乙脑病毒引起的人畜共患的以虫媒传播的病毒性传染病。病毒为黄病毒科惟一的黄病毒属的滤过性病毒。

【流行特点】

（1）**传染源** 病猪、带毒猪和带毒越冬蚊虫为主要传染源。

（2）**传播途径和方式** 通过带有病毒的蚊虫叮咬传播。

（3）**易感动物** 多种动物均可感染。猪群感染较普遍。人也可以感染。猪的发病年龄多与性成熟相吻合。

（4）**季节性** 主要发生于蚊虫生长繁殖的季节。我国华北地区流行高峰期7～9月份，华南地区流行高峰期6～9月份，东北地区流行高峰期8～9月份。

（5）**发病情况** 蚊虫是乙脑流行的重要传播媒介，在乙脑的自然循环中和传播上起着重要的作用。猪群感染多不表现临床症状，感染率高，发病率一般为20%～30%，死亡率较低；妊娠母猪表现为高热、流产、死胎、木乃伊胎等，流产后症状消失；公猪睾丸炎；1～2月龄的仔猪感染率高。本病多为良性经过。

【临床症状】 精神委顿，嗜睡，体温升高，呈稽留热，食欲降低或拒食，粪便干带有白色的黏液，尿黄，关节肿大，跛行，有的猪视力障碍，神经症状。妊娠母猪突然流产，产弱仔、死胎、木乃伊胎，死胎多，并且大小形状差别大；母猪分娩期多数超过预产期。公猪睾丸肿胀，多呈一侧性的肿大，2～3天后消失，有的变硬、萎缩，丧失配种能力。新生仔猪体弱，痉挛死亡。

【病理变化】 脑脊液量增多，脑膜和脑实质充血出血和水肿；母猪子宫内膜充血、水肿。公猪睾丸充血、出血和坏死。流产胎儿脑水肿，皮下血样浸润。胸腹腔积液，浆膜点状出血，淋巴结充血，肝脏和脾脏有坏死灶，脊膜或脊髓充血。全身肌肉褪色，呈水煮样。

【防治要点】

（1）**预　防**

①定期对猪舍进行喷洒灭蚊、灭蝇药物，做好灭蚊、灭蝇工作。

②免疫接种，每年当地蚊虫开始活动的前1个月进行免疫接种。

③带毒猪是人乙型脑炎的主要传染源，要做好人的预防工作，

预防人类乙型脑炎的方法主要是接种疫苗，接种对象为流行区 6 月龄以上、10 岁以下的儿童。在流行前 1 个月开始首次接种，间隔 7～10 天重复 1 次，以后每年接种 1 次。

（2）**治疗**　无特效的治疗药物。

（十二）猪链球菌病

猪链球菌病是由链球菌属中马链球菌兽疫亚种、马链球菌类马亚种、Lancefield 分群中 D、E、L 群及猪链球菌引起的猪疫病的总称，其中猪链球菌是世界范围内引起猪链球菌病最主要的病原。临床主要特征为败血症，化脓性淋巴结炎，脑膜炎及关节炎。链球菌为革兰氏染色阳性菌，呈球形、链状排列。

【流行特点】

（1）**传染源**　病猪和带菌猪是主要传染源。

（2）**传播途径和方式**　病原体随粪尿等排泄物排出体外。病原主要通过呼吸道和受损的皮肤及黏膜感染。存在于环境中的病原菌会通过空气浮尘或直接接触增强传播；苍蝇能够在场内和场与场之间传播本病。

（3）**易感动物**　多种动物均可感染。

（4）**季节性**　无季节性，但是 7～10 月份易出现大面积流行。

（5）**发病情况**　任何年龄的猪均易感染，5～10 周龄的猪多数。猪链球菌感染是规模化猪场的一种急性发作的疾病，涉及饲养管理、环境卫生、遗传和菌株致病力强弱等多种因素。在猪群营养不良、密度增大，圈舍卫生差、蚊蝇增多、温度不稳定，同一猪舍中猪群日龄差别较大等饲养管理不善的条件下，均可引起疾病的发生。

【临床症状】

（1）**败血症型**　常为最急性病例，无任何症状突然死亡；急性病例，常见精神沉郁，体温升高至 41.5℃～42℃，呈稽留热，食欲减退或不食，眼结膜潮红，流泪，有浆液状鼻汁，呼吸浅表而快，

便秘或腹泻，粪便带血，尿色黄或带血。少数病猪后期耳尖、四肢下端、腹下呈紫红色或出血性红斑。有的跛行。

（2）脑膜脑炎型 常发生于仔猪，体温升高至40.5℃～42.5℃，神经症状，姿态异常，如盲目行走、站立不稳、转圈、甚至躺卧、角弓反张、四肢做游泳状运动、眼球震颤，双眼直视，眼结膜充血。部分猪出现多发性关节炎、关节肿大。

（3）关节炎型 常见一肢或几肢关节肿胀，跛行，甚至不能站立。

（4）化脓性淋巴结炎（淋巴结脓肿）型 颌下淋巴结、咽部淋巴结、耳下淋巴结和颈部淋巴结，触诊坚硬、肿胀、发热，猪有痛感，采食减少，咀嚼、吞咽困难，呼吸急促，咳嗽，流鼻汁；肿胀部位中央逐渐变软，表面皮肤坏死、破溃、脓汁流出，以后全身症状也显著好转，化脓部位长出肉芽组织结瘢愈合。

【病理变化】

（1）败血型 各器官有明显的出血、充血，浆膜有出血斑，脏器粘连，淋巴结肿大、出血、甚至化脓，心包、胸腹腔积液，有纤维素性渗出物，心外膜有出血斑点，心瓣膜增厚，有菜花样的赘生物；肺部有灰白色、灰红色的硬的化脓灶，肺与胸膜粘连；脾肿大明显，呈暗红色；肝肿大，质脆；肾肿大，有出血点。

（2）脑膜脑炎型 脑、脑膜充血、出血，脑脊髓液增多。

（3）关节炎型 关节面粗糙，关节囊壁增厚、滑液量增加、浑浊，关节皮下水肿，周围有化脓灶。

（4）化脓性淋巴结型 肿硬，中央变软，破溃、脓汁流出；切面有化脓灶。

【防治要点】

（1）预　防

①加强管理 提供完善的营养，适宜的温度，合理的饲养密度，做好消毒工作，采用全进全出的饲养模式；发病猪群立即隔离、消毒，并进行治疗，对病猪尸体及其排泄物等做无害化处理。

②免疫接种　猪链球菌病灭活菌苗，颈部肌内注射，免疫剂量按说明书使用。

推荐免疫程序

后备母猪：在产前60天左右首次免疫接种，21天后第二次免疫接种；

妊娠母猪：产前30天左右免疫接种1次；

仔猪：在30日龄免疫接种1次；

种公猪：每半年免疫接种1次，每年2次。

（2）**治疗**　肌内注射：青霉素和链霉素联合用药，每千克体重，青霉素2万～4万国际单位，链霉素10毫克，每日2次，连用5天。硫酸庆大霉素，每千克体重2万～4万国际单位，每日2次。连用2～5天。氟苯尼考注射液，每千克体重20毫克，48小时1次，连用2次。恩诺沙星，2.5毫克/千克体重，每日2次，连用2～5天。脑炎型的病例，磺胺嘧啶钠注射液，每千克体重0.07毫克，首次用量加倍，每日2次，连用3～5天。

（十三）副猪嗜血杆菌病

副猪嗜血杆菌病是由副猪嗜血杆菌引起的多发性浆膜炎和关节炎的传染病，以肺浆膜和心包及腹腔浆膜和四肢关节浆膜的纤维素性炎为特征的呼吸道综合征。副猪嗜血杆菌和其他嗜血杆菌间缺乏核酸同源性，所以它在巴斯德菌科中的分类学位置不确定。

【流行特点】

（1）**传染源**　病猪和带菌猪是主要传染源。

（2）**传播途径和方式**　呼吸道是主要的感染途径，也可经消化道、损伤的皮肤感染。

（3）**易感性**　生长期的猪易感性最强。

（4）**季节性**　无季节性，但是寒冷季节气候骤变时多发。

（5）**发病情况** 病原菌进入猪体后，当猪群营养不良、密度增大、圈舍卫生差，长途运输和有其他疾病感染时，机体抵抗力降低，病原体在猪体内繁殖、产毒、引起疾病的发生。常与猪伪狂犬病、猪繁殖与呼吸综合征、猪流感及支原体肺炎等疾病混合感染。

【临床症状】 体温升高，采食量减少，精神沉郁，可视黏膜发绀，呼吸困难，呈腹式呼吸，而且呼吸加快，吃食和喝水时咳嗽频繁，咳出气管内的分泌物又吞入胃内，鼻孔周围沾有脓性鼻液，四肢出现多个关节肿胀，起立困难，跛行，颤抖，共济失调，侧卧，逐渐消瘦，被毛粗糙。

【病理变化】 腹膜、胸膜、心包膜及脑膜和关节表面有淡黄色的浆液性或化脓性的纤维蛋白渗出物，肺、心、脾、肝、肠等脏器表面有的呈条索状纤维蛋白渗出物。全身淋巴结肿大，切面呈灰白色。

【防治要点】

（1）预　防

①加强管理，减少应激 做好圈舍的防寒保暖、通风换气、清洗消毒工作，保持其清洁卫生；减少猪群的流动，实行全进全出的管理模式，避免不同阶段的猪群混养。需要引种，首先引入健康种猪群，然后隔离观察，检查、检测无异常后方可混群。

②免疫接种 疫苗免疫是预防本病的最有效的方法之一，但是由于该菌的血清型较为复杂，而且不同血清型的菌株之间的交叉保护率很低，不可能有一种疫苗同时对猪所有的致病菌株产生交叉免疫力，最好使用本地（本场）分离菌株制备的疫苗进行免疫。

推荐免疫程序

使用副猪嗜血杆菌病灭活疫苗，颈部肌内注射。

后备母猪：产前 50 ~ 60 天首免，21 天后二免。

经产母猪：跟胎免疫，产前 30 天免疫 1 次；仔猪在 14 日龄首免，21 天后二免。

种公猪：每半年接种 1 次，每年 2 次。

（2）**治疗**　一旦出现临床表现，立即选择敏感药物，全群用药，大剂量注射。

①肌内注射　泰乐菌素注射液，每千克体重5～13毫克，每日2次，连用7日。氟苯尼考注射液，每千克体重20毫克，每日1次，连用7次。还有氨苄青霉素、头孢噻呋钠、替米考星等。

②拌料　泰乐菌素＋磺胺二甲嘧啶预混剂，每1000千克饲料100克，连用5～7日。

（十四）猪丹毒

猪丹毒是猪丹毒杆菌引起的一种急性、热性、人兽共患传染病。其临床特征为高热，急性败血症，亚急性皮肤疹块，剖检特征为慢性疣状心内膜炎及皮肤坏死与多发性非化脓性关节炎。猪丹毒杆菌是革兰氏阳性细小杆菌。

【流行特点】

（1）**传染源**　病猪、带菌猪是主要传染源。

（2）**传播途径和方式**　病猪、带菌猪及其他带菌动物都可从粪尿中排出猪丹毒杆菌而污染饲料、饮水、土壤、用具和猪舍等，主要通过消化道感染，亦可通过损伤皮肤及蚊、蝇、虱等吸血昆虫传播。

（3）**易感性**　架子猪最为敏感。人也可以感染。

（4）**季节性**　任何季节均可感染。但炎热、多雨季节流行最盛。

（5）**发病情况**　带菌猪在各种应激因素的作用下，机体抵抗力降低，细菌在局部大量增殖侵入血行，引起内源传染而发病。本病常为暴发流行，亦有散发性或地方流行。

【临床症状】潜伏期一般3～5天，短的1天，长的9天。

（1）**急性败血型**　突然死亡，全身皮肤发绀；没有死亡的病猪体温可达42℃以上，稽留热，精神高度沉郁，采食量减少至拒食；眼睛清亮，无分泌物，结膜充血；粪便干硬附有黏液，随后病猪出现腹泻，有时稀粪带血液，有时呕吐。步态僵硬，跛行，或后肢

麻痹；耳、颈和胸部等处皮肤出现各种形状的红斑，逐渐变为暗红色，指压消失，停止按压恢复，仔猪可出现神经症状，抽搐，倒地而死。

（2）亚急性型（疹块型） 体温可达41℃以上，精神沉郁，采食量减少，喝水增加多，便秘，时有呕吐；在背部、胸部、腹部、肩部及四肢外侧等处皮肤出现突出皮肤表面的方形、菱形、圆形，坚实，大小不等，周边颜色深，中间颜色浅，由淡灰色，变成淡红色、紫红色，而后逐渐变为黑紫色的疹块。疹块融合成较大的皮肤坏死块，久之变成革样痂皮，呈盔甲样。妊娠母猪可发生流产。

（3）慢性型 通常由急性或亚急性型转变为本型，但也有原发性。病猪日渐消瘦，机体衰弱，增重缓慢，发育不良。一般有慢性浆液性纤维素性关节炎，慢性疣状心内膜炎和皮肤坏死，前二者往往在同一病猪身上同时存在，皮肤坏死多单独发生。

慢性关节炎型：四肢关节，以腕关节和跗关节较多见的炎性肿胀，步态僵硬，变形，疼痛，跛行或卧地不起。

慢性疣状心内膜炎：消瘦、贫血、身体虚弱，常卧伏，呼吸困难，可突然因心衰致死。

皮肤坏死：常发现在耳、肩、背、尾和蹄部，坏死部皮肤变黑、干硬如皮革样，最后脱落，残留一片无毛而色淡的瘢痕而愈。

【病理变化】

（1）急性败血型 皮肤有丹毒性红斑，突出皮肤表面，指压时可褪，后互相融合成片，病程稍长者，红斑上有浆液性水疱，破裂干涸后，形成黑褐色痂皮。肾瘀血肿大，称大红肾，被膜易剥离，有少量出血点、灰白色、黄白色和暗红色大小不一的斑点，呈花斑样，云雾状，切面外翻，皮质增宽，肾盂有点状出血。脾高度肿大，樱桃红色，凹凸不平，质地柔软，切面模糊不清，髓质易刮下，有“白髓周围红晕”现象。肺充血、水肿。肝肿大，暗红色。心脏外观暗红色，有数量不等的小出血点。膀胱黏膜血管呈不明显的树枝状充血，个别病例黏膜有少量出血点。胃底黏膜上皮脱落，

呈弥漫性潮红。十二指肠前段多数为出血性、卡他性炎。黏膜上皮脱落，黏膜毛细血管充血，空、回肠多数有卡他性炎症。

（2）亚急性型 特征是皮肤上发生疹块，以胸侧、背部、后肢外侧、颈部严重。疹块形状呈方形、菱形或不规则形，呈一致的鲜红或暗红色，手压时色变淡，有时中心部色淡，甚至苍白色，周边仍保留红色，或者红白相互交替呈同心轮状，触摸时比正常皮肤为硬。

（3）慢性型 疣状心内膜炎、关节炎和皮肤坏死。在心脏二尖瓣，其次是主动脉瓣、三尖瓣和肺动脉瓣可见灰白色血栓性增生物，呈菜花样，不易脱落；四肢关节，以腕关节和跗关节为多见，关节囊肿大、变厚，充满大量浆液纤维素性渗出物，呈现黄色或红色，稍浑浊。背部、耳、肩、尾部皮肤，干燥，色黑褐而坚硬，其后随分界性化脓而脱落，损伤部可由肉芽组织增生形成瘢痕。

【防治要点】

（1）预 防

①加强饲养管理 制定合理的消毒制度和免疫程序，坚持自繁自养，必要引进和调配种猪时，要从非疫区引种，进场后，还应隔离观察1个月以上，同时免疫接种，检验正常后，方可进入生产区。

②免疫接种 种猪每年春、秋进行2次预防接种，仔猪45～60日龄免疫，为保证猪群体获得好的免疫力，在接种前7天和接种后10天内，应避免使用抗生素。

（2）治 疗

①肌内注射 首选青霉素，每千克体重2万～3万国际单位，每日2～3次，连用3天。头孢唑林钠，每千克体重20毫克，每日2次，连用3天。盐酸土霉素注射液，每千克体重5～10毫克，每日2次。也可应用林可霉素、泰乐菌素等。

②血清疗法 贵重猪可应用血清疗法，剂量为仔猪5～10毫升，3～10个月龄猪30～50毫升，成年猪50～70毫升，皮下或静脉注射，经24小时再注射1次，如青霉素与抗血清同时应用效

果更佳。应用青霉素和抗血清疗法同时，对病情较重的病例可用5%葡萄糖加维生素C或右旋糖酐及增加氢化可的松和地塞米松等静脉注射，疗效更佳。

（十五）猪大肠杆菌病

猪大肠杆菌病包括仔猪黄痢、仔猪白痢和猪水肿病，由致病性大肠杆菌引起。仔猪黄痢是出生后几小时到1周龄仔猪的一种急性高度致死性肠道传染病，以剧烈腹泻、排出黄色或黄白色水样粪便及迅速脱水死亡为特征。仔猪白痢是10～30日龄仔猪多发的一种急性肠道传染病，以排泄腥臭的灰白色、灰黄色黏稠稀粪为特征。猪水肿病是断奶前后仔猪多发的一种急性肠毒血症。临床以突然发病，头部水肿，共济失调为特征。剖检以胃壁和肠系膜显著水肿为特征。致病性大肠杆菌为肠杆菌科，埃希氏菌属中的大肠埃希氏菌的一些血清型。大肠杆菌为革兰氏染色阴性杆菌。

【流行特点】

（1）**仔猪黄痢**　本病发生于产仔期，1周龄以内的仔猪，1～3日龄仔猪易发生，并且严重；同窝仔猪发病率高，治疗不及时死亡率高，有的死亡率达100%。隐性感染的母猪是主要的传染源，其次是发病的仔猪，主要随粪便排出病原菌，经消化道感染。没有季节性。

（2）**仔猪白痢**　本病发生于产仔期，10～30日龄仔猪，以10～25日龄最多。病猪和带菌猪是主要的传染源，主要经消化道感染，常与圈舍环境卫生、母乳质量，哺乳母猪饲料有关。没有季节性。

（3）**猪水肿病**　本病常发生于断奶后不久采食量大，体格健壮、生长快的仔猪；受饲料和环境的影响较大，饲料和环境的突然改变，常引发本病的发生，死亡率高；呈地方流行。发生过仔猪黄痢的仔猪一般不发生本病。

【临床症状】

（1）**仔猪黄痢**　潜伏期一般很短，为12～72小时。少数仔猪

突然腹泻，迅速消瘦、脱水、全身衰弱、死亡，同窝其他仔猪相继发生腹泻，粪便呈黄色、黄白色，糊状、水样，内含有凝乳小块。肛门松弛，周围糊有黄色稀粪。捕捉时，排出稀便。

（2）**仔猪白痢**　腹泻，粪便呈灰白或黄白色，浆状、糊状，气味腥臭，并黏着肛门及尾根附近。病猪逐渐消瘦，精神委顿，生长慢，被毛粗乱、不洁，死亡率低，多数能自行康复。

（3）**猪水肿病**　特征性的临诊症状是水肿。突然发病，精神沉郁，食欲减少或废绝，口流白沫，呼吸不均，体温变化不明显。头、脸部、眼睑及颈部水肿；共济失调，兴奋，步态摇摆不稳，做圆圈运动、四肢呈游泳状；静卧时，表现肌肉震颤，抽搐，触动时表现敏感，发呻吟声或嘶哑的鸣叫，四肢无力，继而麻痹，不能站立。

【病理变化】

（1）**仔猪黄痢**　最显著的病变是胃肠道黏膜上皮的变性和坏死。胃膨胀，胃内充满酸臭的凝乳块，胃底部黏膜潮红，甚至有出血斑，表面有多量黏液覆盖。肠道膨胀，尤其是十二指肠明显，肠内有大量的黄色、黄白色稀薄内容物，腥臭，有时混有血液、凝乳块和气泡，肠壁变薄，黏膜和浆膜充血、水肿，肠系膜淋巴结肿大、充血，切面多汁。心、肝、肾有不同程度的坏死灶。

（2）**仔猪白痢**　主要病变位于胃和小肠前部，胃内有少量凝乳块，有的充满气体，胃黏膜充血、出血、水肿性肿胀。肠壁菲薄，灰白半透明，肠黏膜易剥脱，肠内有大量气体和少量稀薄、黄白色带酸臭味粪便。肠系膜淋巴结肿大。

（3）**猪水肿病**　脸部、眼睑、结膜、颈部皮下和腹部皮下水肿。胃壁水肿，胃内常充满饲料，黏膜潮红，有时出血。肠系膜水肿。大肠有的增厚。肺水肿，心包腔、胸腔和腹腔有数量不等的无色或淡黄色、血色液体，见到空气形成胶冻状。颌下淋巴结水肿，切面多汁。

【防治要点】

（1）预　防

①加强饲养管理　母猪进入产房前进行全身消毒，产房进猪前严格消毒，母猪临产前清洗消毒乳头和乳房，挤掉每个乳头中的乳汁少许；保证产房温度和仔猪需求温度（28℃～35℃），供给母猪优质全价的饲料。仔猪吃足初乳，及时补料，尽早开食。断奶后1周内的仔猪，提供优质饲料，保持环境的相对稳定。缺硒地区妊娠母猪产前肌内注射0.1%亚硒酸钠注射液2～3次。

②药物预防　在仔猪吃奶前口服促菌生、乳康生等。

免疫接种：应用疫苗进行预防仔猪黄痢和白痢。大肠杆菌K88ac-LTB双价基因工程菌苗，新生猪腹泻大肠杆菌K88、K99双价基因工程菌苗，仔猪大肠杆菌腹泻K88、K99、987P三价灭活菌苗，MM-3工程菌苗（含K88ac及无毒肠毒素LT两种保护性抗原成分）等。

（2）治疗　抗生素。用药前做细菌分离和药敏实验，应全窝给药，由于细菌易产生抗药性，最好选用敏感药物，联合用药。

①仔猪黄痢

肌内注射，硫酸庆大霉素，每千克体重2～4毫克，每日2次。还有氟苯尼考、土霉素、卡那霉素等。

口服：硫酸庆大霉素，每日每千克体重5～10毫克，分3～4次。

②仔猪白痢

肌内注射，硫酸庆大霉素20毫克，硫酸阿托品0.25毫克，维生素B_1 50毫克，3千克以下一次肌内注射；体重3千克以上者3种药用量加倍，每日1次，连用2天。还有氟苯尼考、土霉素、卡那霉素等。

③水　肿　病

肌内注射：环丙沙星，每千克体重5～10毫克，每日2次。10%～20%磺胺嘧啶钠注射液，每千克体重50～100毫克，每日2次，首次用量加倍。同时，应用盐类泻剂，补硒。

（十六）仔猪渗出性皮炎

本病是由致病性表皮（白色）葡萄球菌引起的仔猪的一种急性致死性、高度接触性皮肤传染病。以全身皮炎为疾病特征，可导致脱水和死亡。葡萄球菌为革兰氏阳性球菌。

【流行特点】

（1）**传染源**　病猪是主要传染源，但病原菌常存在于空气、土壤、污水及尘埃中。

（2）**传播途径和方式**　可通过各种途径感染，破损的皮肤黏膜是主要的入侵门户，亦可经汗腺、毛囊进入机体，亦可经消化道和呼吸道感染。

（3）**易感性**　主要侵害5～6日龄哺乳仔猪，有时可见刚断奶仔猪。

（4）**季节性**　任何季节均可感染，但主要发生于规模化猪场，潮湿的夏季产仔时。

（5）**发病情况**　本菌正常情况下在健康猪的表皮及母猪阴道内可以分离到，并且可以通过接触感染，在不良的外界环境的诱导下，以及皮肤损伤引起真皮的外露，机体抵抗力降低时，经汗腺、毛囊和受损的部位侵入皮肤，产生溶血毒素、致死毒素、皮肤坏死毒素、透明质酸酶、血浆凝固酶等，引起毛囊炎、粉刺、蜂窝织炎、渗出性坏死性皮炎和脓肿等。该病暴发通常具有自限性，可持续2～3个月。每窝猪的发病率不一，同窝猪不一定全部发病，发病率10%～100%，死亡率90%～100%。

【临床症状】同窝猪症状轻重不一。病初眼周围、耳郭、腹部、鼻端、吻突、肛门周围和蹄冠等无毛或少毛处有红色斑点、水疱，水疱破溃，形成溃疡，渗出清亮的水疱液，与皮肤上的皮屑、皮脂等污垢混合形成一层褐色灰尘样物质，湿润，油腻，气味难闻。严重的全身皮肤上有一层褐色的痂皮，干裂，被毛粗、炸硬，像刺猬；痂皮易脱落，脱落后形成红斑；仔猪行动不便，吃奶量减少，消瘦。无瘙痒症状。

【病理变化】 眼周围、耳郭、腹部、鼻端、吻突、肛门周围和蹄冠等无毛或少毛处有红色斑点、水疱，水疱破溃，形成溃疡；脱水、干裂，裂缝有油性分泌物，形成褐色痂皮，痂皮脱落可见有红斑。淋巴结肿大，肾盂内有黏液或结晶物质沉积。

【防治要点】

（1）预 防

加强饲养管理，提供合理的营养，提高猪体抵抗力；对病猪要早发现、早隔离、早治疗，对污染的环境和用具进行彻底消毒；产仔舍干燥、卫生，定期消毒。产床、保育床、墙壁、围栏、地面要光滑，不能有针刺物，避免损伤皮肤，皮肤损伤要及时治疗。母猪进入产房前要进行全身消毒，产前 1 周和产后 1 周添加抗葡萄球菌的药物。

（2）治疗 应做到早发现，早治疗，供给充足的饮水。用抗生素之前，先做药敏试验，选择敏感性高的药物。感染严重的治疗效果不佳。

①外用 皮肤病变处涂龙胆紫、1% 高锰酸钾、碘附、水杨酸或磺胺软膏等。

②肌内注射 板蓝根注射液，10～15 毫升，头孢噻呋钠，每千克体重 5 毫克，混合肌注，每日 1 次，连用 5 天。头孢曲松钠每千克体重 40 毫克，每日 1 次，连用 5 天。

③口服 复合维生素 B，饮水中添加电解多维，连用 7 天。

（十七）仔猪副伤寒

仔猪副伤寒即猪沙门氏菌病，是由致病性沙门氏菌引起仔猪的一种传染病。急性型表现为败血症，亚急性和慢性型以顽固性腹泻和回肠及大肠发生固膜性肠炎为特征。沙门氏菌为革兰氏阴性杆菌。

【流行特点】

（1）**传染源**　病猪和带菌猪是主要的传染源。

（2）**传播途径和方式**　病原体随粪便排出体外，主要经消化道传染。

（3）**易感性**　主要感染 1～4 月龄的仔猪。

（4）**季节性**　任何季节均可感染，但圈舍寒冷潮湿、气候骤变和营养不良时多发。

（5）**发病情况**　本病多呈散发性。一方面猪可经过消化道感染发病；另一方面，隐性感染的猪，当受到不良的饲养管理、恶劣自然环境及其他疾病的影响，机体抵抗力降低时，致使病原体繁殖加快，毒力增强，导致发病。

【临床症状】

潜伏期由 3 天至 1 个月不等，临床分为急性和慢性型。

（1）**急性型**　体温升高（41℃～42℃），精神委顿，食欲不良、拒食。便秘、腹泻，有时带血；呼吸困难，皮肤有紫红色斑点，尤以耳根、胸前、腹下及四肢末端部皮肤严重，病死率很高。

（2）**慢性型**　体温升高，精神不振，消瘦，身体发抖，寒战，扎堆，眼有黏性或脓性分泌物，上、下眼睑常被黏着，少数发生角膜浑浊，严重者发展为溃疡，甚至眼球被腐蚀；初便秘后腹泻，反复便秘腹泻，粪便淡黄色或灰绿色，恶臭，混有坏死组织或纤维絮片；咳嗽；后期皮肤出现弥漫性湿疹，严重的腹部皮肤有溃疡。

【病理变化】

（1）**急性型**　呈败血症变化。全身浆膜与黏膜以及各内脏有不同程度的斑点状出血。脾肿大，紫色，有弹性，呈橡皮样；全身淋巴结肿大、出血，肠系膜淋巴结呈索状。心包和心内、外膜有小点状出血，有时有浆液性纤维素性心包炎。肾脏出血，尿道和膀胱黏膜也常有出血点。肝脏肿大、瘀血，在被膜有时见有出血点、针尖大至粟粒大的黄灰色坏死灶和灰白色结节。肺脏瘀血和水肿，小叶有点状出血，间质增宽，严重的有纤维素性肺炎。胃黏膜斑点状或弥漫性出血。肠道出血、坏死和溃疡。

（2）**慢性型** 胸腹下和腿内侧皮肤上常有豌豆大或黄豆大的暗红色或黑褐色痘样皮疹；肠壁淋巴小结肿胀隆起突出于肠浆膜和黏膜表面，呈米粒大绿豆大小的结节，回肠和各段大肠黏膜增厚，表面有一层灰黄色或淡绿色弥漫性坏死性和腐乳状物质，呈糠麸样，坏死性组织脱落，形成大小不等、边缘不整齐的溃疡；肠系膜淋巴结肿大，切面呈灰白色脑髓样，并常散在灰黄色坏死灶；肝脏有许多针尖大至粟粒大的灰红色和灰白色结节；脾脏稍肿大，质度变硬，有坏死灶；扁桃体肿胀、潮红，隐窝内充满黄灰色坏死物。

【防治要点】

（1）预　防

①加强饲养管理　培养健康的哺乳仔猪，断奶后提供适宜的饲养环境，制定严格消毒制度，严格消毒。发现病猪及时隔离治疗，隔离直至育肥。

②免疫接种　应用仔猪副伤寒弱毒苗。1个月以上断奶仔猪均可接种仔猪副伤寒弱毒苗，接种菌苗的前后3天，严禁使用抗生素。

（2）治　疗

①肌内注射　氟苯尼考注射液，每千克体重20毫克，2天1次，连用2次。盐酸土霉素注射液，每千克体重5～10毫克，每日2次，连用2～3日。长效盐酸土霉素注射液，一次量，每千克体重10～20毫克，每日1次，连2～3次。硫酸卡那霉素，每日每千克体重10～15毫克，每日2次，连用2～3天。

②口服　新霉素，每日每千克体重5～15毫克，每日2次，连用7天。

（十八）猪传染性萎缩性鼻炎

猪传染性萎缩性鼻炎是一种由支气管败血波氏杆菌和产毒素多杀巴氏杆菌引起的猪呼吸道慢性传染病。该病是以鼻部变形为主要临床特征；以鼻甲骨萎缩为剖检特征。

【流行特点】

（1）**传染源**　病猪和带菌猪是本病的主要传染源。

（2）**传播途径和方式**　病原体经鼻腔分泌物排出体外，通过空气中的飞沫传播，经呼吸道感染。

（3）**易感性**　任何年龄的猪都可以感染，仔猪易感。

（4）**季节性**　无季节性。

（5）**发病情况**　本病在猪群内传播慢，多呈散发性和地方性流行。传染源除病猪和带菌猪外，猫、狗和鼠也可以带菌，并传播；母猪感染后，最易将病原体传染给仔猪；本病在猪群中可以水平传播，扩大感染范围，1月龄内的猪感染后，可以引起鼻炎、导致鼻甲骨萎缩；猪群断奶后感染，症状轻微；成年猪症状不明显，成为带菌的猪；发病率随年龄的增长而降低。

【临床症状】 打喷嚏、流鼻涕、严重的气喘。单侧鼻孔流出浆液性、黏液性或脓性分泌物及血液；鼻有痒感，鼻在地面或围栏上拱蹭，奔跑，甩鼻。鼻梁和面部变形，鼻向一侧偏斜或同时萎缩；眼内眦下皮肤上形成弯月形灰黑色泪斑。可从鼻喷出黏液性、脓性物质，甚至鼻甲碎片。

【病理变化】 特征性病理变化是鼻腔软骨和鼻甲骨软化和萎缩。主要是鼻甲骨萎缩，特别是下鼻甲骨的下卷曲，变小而直，甚至消失。鼻中隔偏曲。鼻黏膜常有黏性脓性或干酪样分泌物。

【防治要点】

（1）**预　防**

①加强管理　引进猪时做好检疫、隔离，本场发现后立即淘汰猪。同时定期对猪舍进行消毒。改善环境卫生，消除应激因素。

②免疫接种　使用支气管败血波氏杆菌和产毒素多杀巴氏杆菌二联灭活苗，肌内注射。

母猪：初产母猪，产前50天和20天各接种1次，经产母猪产前50天左右接种。仔猪：4周龄和8周龄各接种1次。种公猪：每年2次，半年接种1次。

（2）治　疗

①肌内注射　青霉素每千克体重2万～3万国际单位、链霉素每千克体重10毫克，每天2次，连用5～7天。头孢噻呋钠，每千克体重5～10毫克，每天2次，连用2～3天。盐酸土霉素，每千克体重5～10毫克，每天2次，连用2～3天。长效盐酸土霉素，每千克体重10～20毫克，每天1次，连用2～3天。泰乐菌素，每千克体重5～13毫克，每日2次，连用7天。

②鼻腔内滴注　可以起到控制和预防本病的作用。用2.5%硫酸卡那霉素或2%硼酸溶液。

③拌料　每吨饲料添加泰乐菌素100克＋磺胺二甲氧嘧啶100克，连用7天。每吨饲料添加多西环素150克，连用7天。

（十九）猪 肺 疫

猪肺疫是由多种杀伤性巴氏杆菌所引起的一种急性传染病。俗称“锁喉癀”，简称“出败”。本病的特征是最急性型呈败血症变化，咽喉部急性肿胀，高度呼吸困难。急性型呈纤维素性胸膜肺炎症状，慢性型逐渐消瘦，有时伴发关节炎。多杀性巴氏杆菌呈短杆状或球杆状，革兰氏染色阴性。

【流行特点】

（1）传染源　病猪和带菌猪是主要的传染源。

（2）传播途径和方式　病原体随排泄物、分泌物排出体外，经消化道和呼吸道感染；吸血昆虫作为媒介亦可传播，亦可经损伤皮肤、黏膜发生感染。

（3）易感性　任何年龄的猪均可以感染，其中3～10周龄的猪多发。

（4）季节性　一般季节性不明显，但气候骤变、多雨潮湿、闷热寒冷、通风不良时多发。

（5）发病情况　本病常呈散发性流行。病原体主要存在于呼吸道、肠道及各器官，带菌猪在气候骤变、多雨潮湿、闷热寒冷，通

风不良、饲料突变、长途运输和其他疾病感染的情况下，可发生内源性传染。

【临床症状】 潜伏期 1～3 天。临床上一般分为最急性、急性和慢性 3 型。

（1）最急性型（俗称锁喉癀） 呈败血症症状，常突然发病，死亡。体温升高至 41℃以上，食欲废绝，全身衰弱，可视黏膜发绀，卧地不起，呈犬坐式，呼吸高度困难，伸颈、张口呼吸，有时发生喘鸣声，口、鼻流出泡沫；咽喉部和颈部肿胀，触摸硬实，腹部、耳根及四肢内侧皮肤有紫红色斑块，用手压之褪色。很快窒息死亡，病死率 100%。病程 1～2 天。

（2）急性型 病初体温升高（40℃～41℃），呼吸困难，腹式呼吸，短而干的痉挛性咳嗽，有黏稠性鼻汁，有时混有血液。后变为湿咳，咳时感痛，触诊胸部有剧烈的疼痛。初期便秘后期腹泻。病情严重后，表现呼吸极度困难，呈犬坐姿势，可视黏膜发绀，皮肤有紫斑或小出血点。消瘦，多窒息而死。病程 4～6 天，有的病猪转为慢性。

（3）慢性型 多见于流行后期，食欲减退，持续性咳嗽与呼吸困难，鼻流少许黏脓性分泌物。极度消瘦，腹泻。皮肤有时出现痂样湿疹，关节肿胀。病死率 60%～70%。

【病理变化】

（1）最急性型 咽喉黏膜下组织急性出血性炎性水肿，严重可蔓延到舌根部，严重时可波及胸前和前肢皮下，呈黄色胶冻样，有多量淡黄色略透明的液体流出。肺多数表现充血、瘀血、水肿。心外膜有出血点。全身淋巴结显著肿大，充血、出血、水肿，切面呈红色，有的可发生淋巴结坏死。全身浆膜和黏膜点状出血。胸、腹腔和心包腔内积液增多，有时见有纤维素性渗出物。

（2）急性型 肺部病变显著，多发生在尖叶、心叶和膈叶前部，严重时可波及整个肺叶，表面有程度不同的纤维素性病变，病变部肺组织肿大、坚实，表面呈暗红色或灰黄红色，往往形成大理石样外观，病变组织和健康组织界限明显，切面有暗红色、灰黄色肝变。肺门淋巴结肿大出血。胸腔和心包积液浑浊。心外膜粗糙，并有出血斑、点。

（3）**慢性型** 肺呈大理石样外观，被膜粗糙，与胸壁粘连；切面呈暗红色，灰黄红色，有坏死或化脓灶，有的发展为坏疽性肺炎；胸腔内多量黄色浑浊的液体。心外膜粗糙，有出血斑、点，与心包粘连。

【防治要点】

（1）**预　防**

①加强饲养管理 改善环境质量，加强营养供给；从非疫区引种，对新引进猪隔离观察一个月后再合群并圈。

②免疫接种 免疫用菌苗有猪肺疫口服弱毒苗和猪肺疫氢氧化铝菌苗。猪肺疫口服弱毒苗用冷开水稀释，均匀拌料后让猪采食，无论大小猪，每头猪1头份。仔猪45～60日龄免疫，种猪每年春、秋各免疫1次。接种疫苗前7天和后7天内，禁用抗菌药物。

（2）**治　疗**

①肌内注射 注射用头孢噻呋钠，一次量，每千克体重5毫克。每日1次，连用3天。长效土霉素注射液，一次量，每千克体重20毫克。每日1次，连用2～3天。注射用普鲁卡因青霉素，每千克体重2万～3万国际单位。每日1次，连用2～3天。注射用苄星青霉素。一次量，每千克体重3万～4万国际单位，必要时3～4日重复1次。还有青霉素类、链霉素、泰乐菌素、磺胺类、四环素族，联合用药效果更好。

急性、最急性病猪，贵重猪早期用高免血清治疗，效果较好。

②混饲 磷酸泰乐菌素、磺胺二甲嘧啶预混剂，以泰乐菌素计，每1000千克饲料100克，连用5～7日。

（二十）猪接触传染性胸膜肺炎

猪接触传染性胸膜肺炎是由猪胸膜肺炎放线杆菌引起的呼吸道

传染病。以肺炎和胸膜炎为特征。胸膜肺炎放线杆菌为巴氏杆菌科放线杆菌属。革兰氏阴性小杆菌。

【流行特点】 本病发生突然、传播快，各种年龄的猪均易感，具有明显的季节性，多在每年 4～5 月份和 9～11 月份发生；饲养环境突然改变是导致本病发生的主要诱因。症状随饲养条件改善而减轻。

（1）**传染源**　病猪和带菌猪是主要的传染源。

（2）**传播途径和方式**　病原通过空气飞沫传播，呼吸道为主要传播途径。

（3）**易感性**　任何年龄的猪均可以感染，其中 3～5 月龄的猪易感多发。

（4）**季节性**　一般季节性不明显，但秋末初春，寒冷季节，气候骤变时多发。

（5）**发病情况**　本病的发病率和死亡率差异很大，当本病急性暴发时，常可见感染从一个猪舍跳跃到另一个猪舍，气溶胶传播和工作人员的流动在病原菌传播中起着很重要的作用，大群集约化猪场最易接触感染。

【临床症状】 潜伏期 1～2 天。临床分最急性、急性和慢性。

（1）**最急性型**　突然发病，体温升高（41.5℃），拒食，身体末梢部位皮肤发绀。后期呼吸极度困难，呈犬坐势，口、鼻中流出大量血样泡沫液体，死亡。

（2）**急性型**　体温高达 40.5℃～41℃，精神委顿，拒食。咳嗽，呼吸极度痛苦状，张口伸舌，严重的吸气少呼气多，甚至只呼气不吸气，鼻端和耳朵发绀，窒息死亡。

（3）**慢性型**　体温不高，采食量小，间歇性咳嗽，呼吸异常，消瘦，生长缓慢，发病轻，病程长。

【病理变化】 主要存在于呼吸道，以小叶性肺炎和纤维素性胸膜炎病变为特征，肺炎病变多为双侧性的

（1）**最急性型**　肺充血、水肿，与健康组织界限明显，气管和

支气管充满血色泡沫样黏液性分泌物，胸腔内有淡红色的液体。

（2）急性型　肺有出血、坏死，呈紫红色。常发生于两侧肺的尖叶、心叶和膈叶的一部分，切面坚实、似肝，轮廓清晰，间质有红色胶冻样液体，肺表面有纤维素性絮状渗出物；气管黏膜水肿、出血，气管和支气管充满血色泡沫样黏液性分泌物，肺门淋巴结肿胀、出血。

（3）慢性型　肺病变区硬实，肺脏有干酪性病灶或含有坏死碎屑的空洞。膈叶有大小不等的脓肿性结节，其周围有较厚的结缔组织包围，由于继发其他细菌感染，致使肺炎病灶转变为脓肿，后者常与肋胸膜发生纤维性粘连。

【防治要点】

（1）预　防

①加强饲养管理　提供合理的营养，保持良好的圈舍空气，做好防寒保暖工作，定期消毒。减少各种应激因素。引猪前应进行检疫，引入阴性猪群。一旦发病，饲料中添加药物如氟苯尼考预混剂、磷酸泰乐菌素和磺胺二甲嘧啶预混剂、延胡索酸泰妙菌素预混剂、磷酸替米考星预混剂等。

③免疫预防　本菌的血清型较多，交叉保护性不强，同种疫苗在不同的猪场免疫效果不一样，有条件的猪场，可以做“自家苗”进行免疫。目前已研制出胸膜肺炎灭活苗和亚单位苗。

（2）治疗　抗生素治疗能降低死亡率，并提高平均日增重，治疗剂量宜大一些，首次治疗采用肌内注射方法。青霉素每千克体重4万～8万国际单位，每日2～3次。氟苯尼考注射液每千克体重20毫克，48小时1次，连用2次。盐酸土霉素每千克体重5～10毫克，每日2次，连用2～3日。

（二十一）猪增生性肠病

猪增生性肠病也称猪增生性肠炎，是由专性胞内劳森菌引起的猪的接触性传染病，此病在急性和慢性病例中表现出不同临床症

状，而在尸体解剖时均可发现相同的肉眼可见的病理变化，小肠和结肠的黏膜增厚。专性胞内劳森菌为革兰氏染色阴性菌。

【流行特点】

（1）**传染源**　受感染的育成猪是主要的传染源。

（2）**传播途径**　病原体随粪便排出体外，污染器械设备、工作衣服鞋帽，主要经过消化道传播。

（3）**易感性**　各种年龄的猪均可感染，主要侵害育肥猪和母猪。

（4）**季节性**　无明显季节性。

（5）**发病情况**　应激因素的发生是该病暴发的一个征兆。转群、气候的突然变化、圈舍温差变大、湿热的条件下，可引起本病的暴发。生长猪慢性病例 4～10 周后可突然恢复，食欲和生长率恢复到正常水平，但是日增重减慢，出栏时间延长，成本加大。

【临床症状】

（1）**急性出血性**　急性贫血，腹泻、粪便呈黑色柏油状，皮肤苍白，死亡。妊娠母猪流产。

（2）**慢性**　育成猪食欲正常、拒食，消瘦，生长减慢，贫血，无规律、持续性腹泻。

【病理变化】

（1）**急性出血性**　回肠末端和结肠增厚，浆膜水肿，肠腔内常含有血块。直肠中含有血液和消化产物混合成黑色柏油状粪便。

（2）**慢性病例**　小肠末端肠壁增厚，肠管直径增加，浆膜下和肠系膜水肿，黏膜表面湿润、无黏液，黏膜覆盖黄灰色奶酪状团块，外肌层肥大。

【防治要点】

（1）**预　防**

①加强管理　减少应激，注意天气变化，保温、防潮，实行全进全出的管理方式。严禁不同圈舍的工具互换。工作衣帽每日清洗，工作鞋每次进、出圈舍要清洗消毒。制定消毒规程。

②饲料中添加　泰妙菌素每 1000 千克饲料中添加 110 克，连

用21天；林可霉素每1 000千克饲料中添加21克；壮观霉素每1 000千克饲料中添加21克，连用7～14天。

（2）**治　疗**

①内服　土霉素，每千克体重20～25毫克，首次加倍量分2次，间隔6小时，连用3～5天。

②饮水　支原净每千克体重60毫克，连用5天。

③肌内注射　支原净每千克体重10毫克，连用2～3天。泰乐菌素每千克体重6毫克，连用5天，胃复安每千克体重1毫克，连用3天。出血性症状，止血敏每千克体重10毫克，1次/天，血便好转停用。

（二十二）诺维氏梭菌感染（猝死症）

本病是由诺维氏梭菌感染引起的主要侵害大的育肥猪和成年种猪的一种以急性死亡为主的疾病。诺维氏梭菌是一种厌氧、能形成芽胞的革兰氏阳性杆菌。

【流行特点】

（1）**传染源**　病猪和隐性带菌猪及污染的圈舍环境。

（2）**传播途径和方式**　病原菌广泛分布于自然界与动物肠道中，在饲养管理不当、环境气候骤变的情况下，可诱发本病的发生。

（3）**易感性**　主要侵害育肥猪和种猪，尤其是老龄母猪。

（4）**季节性**　春季发病率高。

（5）**发病情况**　该病的主要特点就是猝死，主要发生于高龄、妊娠后期、营养良好的母猪，饲养管理不当、气候骤变、饲料变换等刺激可诱发本病。本病临床治疗效果不佳。

【临床症状】 突然死亡，尸体快速膨胀，腹胀，腐败，分解。鼻内有浆液性渗出物。

【病理变化】 尸体腐败异常快，膨胀，血凝不良。颌下水肿，肺脏水肿，气管内有血性泡沫；心包、胸腔内有浆液性、纤维素性渗出；腹膜、腹腔、心包有血水污染，浆膜出血；脾脏肿大。肝脏

呈青铜色，表面有小气泡，切面有大量的气泡，似蜂巢状；胃胀满。

【防治要点】

（1）**预防** 本病以预防为主。加强母猪的管理，制定严格的消毒制度，对妊娠后期的母猪，饲料中添加抗生素可以起到预防效果。发病后死亡的猪要进行焚烧或深埋等无害化处理。

（2）**治疗** 本菌在体内可产生极强的外毒素，引起死亡，抗生素只对菌体有作用，对毒素没有作用。

①口服 杆菌肽锌，每千克体重200毫克，每日2次，连用3～5日。

②肌内注射 青霉素，每50千克体重160万单位＋地塞米松20毫克，2次/天。

③静脉滴注 每50千克体重5%葡萄糖注射液500毫升＋林可霉素0.5克，连用2～3天。

（二十三）猪支原体肺炎

猪支原体肺炎又称猪地方性肺炎、猪地方流行性肺炎或猪霉形体性肺炎，俗称猪气喘病。是由猪肺炎支原体引起猪的一种慢性呼吸道接触性传染病，以咳嗽和气喘为临床特征。以心叶、尖叶对称性肉样或虾样实变为病变特征。

【流行特点】

（1）**传染源** 病猪和隐性带菌猪是本病的传染源。

（2）**传播途径和方式** 病原体随猪咳嗽、喷嚏及分泌物排出体外，通过直接接触，或通过飞沫经呼吸道感染。

（3）**易感性** 任何年龄的猪均可以感染，但哺乳仔猪和断奶仔猪最易发病，其次妊娠后期和哺乳母猪，成年猪常为隐性感染。

（4）**季节性** 一般季节性不明显，但气候骤变的冬、春季多发。

（5）**发病情况** 本病首次发病呈暴发性，发病率和死亡率较高，老疫区常呈慢性经过，症状较轻。病原体主要存在于呼吸道，在气候骤变、寒冷潮湿、通风不良、饲料突变、长途运输和其他疾病感染的情况下，使猪的抵抗力降低，病情加重。本病可长期在猪群中流行。

【临床症状】 潜伏期为10～16天，可分为急性、慢性和隐性型，本病的主要临床症状为咳嗽、气喘。

（1）**急性型** 首次流行全群猪均易感，突然发病，呼吸加快，张口喘气，有明显的腹式呼吸，发出拉风箱似的喘鸣声，死亡率高。

（2）**慢性型** 咳嗽，次数逐渐增多，长期的干咳和湿咳，尤其是早晚活动后和采食时，连续咳嗽，咳嗽时站立不动，低头，伸颈，弓背，直到把分泌物咳出再咽下为止；体温不高，严重的精神萎靡，采食量下降，消瘦、行动无力，可视黏膜发绀，呼吸困难，有明显的腹式呼吸，呼吸快而用力，张口喘气，有继发感染时体温升高。

（3）**隐形型** 不表现临床症状，但通过X线检查能见到肺脏内侧区及心膈角区呈现不规则的云雾状渗出性的阴影。是由急性或慢性转成，饲养环境的突然变化，可变成急性或慢性的临床症状。

【病理变化】 主要病变是肺、肺门淋巴结和纵隔淋巴结。

（1）**急性型** 肺高度膨大，边缘钝圆，淡红色，被膜紧张，几乎充满整个胸腔，有程度不同的水肿；小叶间质增宽，呈灰白色水肿状；尖叶、心叶对称性病变，有蚕豆大至拇指大小、淡红色、红色、坚实病变，随着病程的延长尖叶、心叶病灶融合呈紫红色、灰红色、灰黄色；肺切面流出黄白色泡沫样浓稠液体；气管断端有血液泡沫样液体流出。

（2）**慢性型** 肺气肿。两侧肺的心叶、尖叶、中间叶呈对称性的，外观似鲜肉样、胰样、虾肉样的病变，与健康组织界限明显；肺切面干燥，支气管壁增厚，挤压小支气管有灰白色、浑浊的黏稠液体流出。肺萎缩，表面凹凸不平，质地变硬。肺门淋巴结、支气管淋巴结和纵隔淋巴结肿大，呈灰白色。

【防治要点】

（1）预　防

①加强饲养管理　保持圈舍适宜的温度，清洁卫生，良好通风。引种严格检疫隔离，混群前要进行 2～3 次 X 线检查，确认无阴影，方可转入生产群。

②免疫接种　推荐使用猪气喘病乳兔化弱毒冻干苗、猪支原体肺炎灭活苗。

推荐免疫程序

猪支原体肺炎灭活疫苗。哺乳仔猪，7 日龄首免，21 日龄二免，每头猪一律颈部肌内注射 2 毫升；其他猪群每头猪一律颈部肌内注射 2 毫升，每年春秋各免疫一次。

（2）治　疗

①肌内注射　硫酸卡那霉素注射液每千克体重 15 毫克，每日 2 次，连用 3～5 天。盐酸土霉素注射液每千克体重 5～10 毫克，每日 2 次，连用 2～3 天。长效盐酸土霉素注射液，一次量，每千克体重 10～20 毫克，每日 1 次，连 2～3 天。林可霉素每千克体重 50 毫克，连用 5 天。泰乐菌素每千克体重 13 毫克溶于 20 毫升注射用水，每日 2 次，连用 3 天；壮观霉素每千克体重 40 毫克，每日 1 次，连用 5 天。

②混饲　土霉素每 1 000 千克饲料 600 克，连用 7 天。林可霉素每 1 000 千克饲料 200 克，连用 21 天。

③混饮　支原净饮水，50 升水 45 克，连用 7 天。

（二十四）猪附红细胞体病

猪附红细胞体病（简称附红体病）是猪感染了附红细胞体引起的传染病。附红细胞体病是一种人兽共患传染病。以贫血、黄疸和发热为特征。

【流行特点】

（1）**传染源** 病猪及隐性感染猪是主要传染源。

（2）**传播途径和方式** 可通过接触性传播、血源性传播、垂直传播及媒介昆虫传播等。

（3）**易感性** 任何年龄的猪均可以感染，但仔猪发病率和死亡率较高。

（4）**季节性** 常发生于夏、秋季节。

（5）**发病情况** 附红细胞体寄生的宿主种类很多有鼠类、马属动物、羊、牛、猪、鸡、鹿和人等，但有相对宿主特异性，感染牛的附红细胞体不能感染山羊、鹿和去脾的绵羊；易感性不同，绵羊附红细胞体只要感染一个红细胞就能使绵羊得病，而山羊却很不敏感。当高温多雨、吸血昆虫繁殖滋生季节、气候突变，机体抵抗力降低时，本病的发病率高；垂直传播主要见于猪。混合感染死亡率高。

【临床症状】 潜伏期2～45天。精神委顿，采食量减少，消瘦，体温升高42℃以上，扎堆，走路摇摆，呼吸困难，皮肤发黄、发红，苍白，皮肤毛孔处有针尖大的黄红色斑点，耳肿胀，耳郭边缘由浅红色至暗红色。可视黏膜黄染、苍白、充血、出血。母猪乳房和外阴水肿，不发情、屡配不孕、受胎率降低，妊娠母猪流产、产死胎、产弱仔。

【病理剖检】 特征病变贫血、黄染。血液稀薄，血凝不良。皮下组织黄染；各脏器表面均有不同程度的黄染；全身淋巴结潮红、肿大、黄染，切面有出血斑点、灰白色坏死灶；肺脏浆膜黄染、间质增宽；肝肿大、黄染；胆囊肿胀，胆汁浓稠；脾脏肿大，柔软，边缘不整齐，被膜有暗红色出血点、坏死结节。肾脏肿大，呈黄色；胃黏膜黄染、溃疡。

【防治要点】

（1）**预防** 提供合理的营养，提高机体抵抗力。夏季防暑降温，驱蚊灭蝇，冬季防寒保暖，通风换气。使用针头时，要严格消

毒，做到一猪一针头，防止交叉感染；在发病季节饲料中应添加四环素类药物。

（2）**治疗**　肌内注射：盐酸土霉素注射液，每千克体重 5～10 毫克，每日 2 次，连用 2～3 天。长效盐酸土霉素注射液，每千克体重 10～20 毫克，每日 1 次，连用 2～3 次。血虫净（贝尼尔），一次，每千克体重 3～5 毫克，配成 5%～7% 的溶液，现配现用。在治疗的同时补给适量的铁制剂。

二、寄生虫病

（一）猪疥螨病

猪疥螨病是由疥螨科疥螨属的猪疥螨寄生于猪的表皮内而引起的一种慢性皮肤寄生虫病。皮肤出现红点、丘疹、脓胞、结痂和龟裂，以皮肤剧痒和皮肤炎症为特征。

【流行特点】

（1）**传染源**　病猪和隐性带虫的猪是主要的传染源。

（2）**传播途径和方式**　主要经过猪与猪的直接接触感染，也可以通过接触病猪蹭过痒的饲槽、墙壁、栏杆等间接接触感染。

（3）**易感性**　任何年龄的猪均可以感染。

（4）**季节性**　本病一年四季均可发生，但在寒冷潮湿的秋冬和早春季节发病率高。

（5）**发病情况**　猪感染虫体后，成虫侵害皮肤，形成结痂，增厚，脱毛，瘙痒，引起猪消瘦，生长速度减慢，饲料报酬降低，一般不引起死亡。

【临床症状】 皮肤潮红，红斑点，丘疹，脓疱，增厚，粗糙变硬，皱缩，龟裂，形成痂皮。耳内有灰褐色结痂。剧痒，在墙壁、食槽、围栏等地方蹭，蹭出血液，毛和皮屑脱落；躺卧不安，消瘦，生长发育停滞，僵猪。

【防治要点】

（1）预防 保持猪舍卫生干燥，定期驱虫。

推荐驱虫方案：种猪每年驱虫 2～3 次，每次驱虫，根据药物的不同，间隔 7～10 天，连用 2～3 次。

（2）治 疗

①肌内注射 多拉菌素注射液，一次量，每千克体重 0.3 毫克。间隔 7～10 天重复 1 次。

②皮下注射 伊维菌素注射液，一次量，每千克体重 0.3 毫克。间隔 7～10 天重复 1 次。

③混饲 伊维菌素预混剂，每 1 000 千克饲料 2 克（以伊维菌素计），连用 7 天。阿维菌素粉剂，一次量，0.3 毫克 / 千克体重，间隔 7～10 天重复 1 次。

④浇泼 0.5% 伊维菌素，每千克体重 1～1.2 毫克，沿背中线皮肤浇泼给药，9 天后再给 1 次。辛硫磷浇泼溶液，沿猪的脊背从两耳浇淋到尾根，每千克体重 30 毫克（耳根部感染严重者，可在每侧耳内另外浇淋 75 毫克），间隔 7～10 天重复 1 次。

⑤洗浴、涂擦或喷洒 敌百虫，配制成 0.5%～1%敌百虫水溶液。双甲脒，配制成 0.025%～0.05%溶液，间隔 7～10 天重复 1 次。溴氰菊酯，每 1 000 升水中 5～15 克（预防），50 克（治疗）。必要时间隔 7～10 天重复处理。

（二）猪蛔虫病

猪蛔虫是由蛔虫目蛔虫属的猪蛔虫寄生在猪的小肠中而引起的一种线虫病。仔猪常见多发，临床表现为生长发育不良，增重减慢，严重的发育停滞，死亡。

【流行特点】

（1）传染源 带虫猪是主要的传染源。

（2）传播途径和方式 感染性虫卵主要经吞食感染，或随灰尘经鼻腔、咽喉进入消化道而感染

（3）**易感性**　任何年龄的猪均可以感染。

（4）**季节性**　本病一年四季均可发生。

（5）**发病情况**　本病流行很广，猪群一经感染，猪舍及运动场就被虫卵污染，并大量存在，很难根除。蛔虫虫体只能在猪的小肠中生活，并以黏膜表层和肠内容物为食物，引起猪只消瘦、生长变慢，饲料报酬降低。死亡率低。

【临床症状】临床症状根据猪年龄、体况、感染程度，幼虫移行和成虫寄生的部位不同而有所不同，成年猪不明显，以育肥猪比较严重。

幼虫移行到肺部，咳嗽，严重的精神沉郁，体温升高，呼吸加快，呼吸困难，食欲减退，呕吐流涎，喜躺卧，不愿动。

移行到肝和胆囊，消化障碍和黄疸；钻进胆管，腹泻，体温升高，拒食，腹痛剧烈，躺站不安，卧地不起，四肢乱蹬，体温下降，不动而死亡。

成虫定居肠道，被毛粗乱、消瘦、贫血、采食量降低，食欲时好时坏，异嗜。生长极为缓慢，甚至停滞成为僵猪。严重时，出现腹泻，体温升高。肠道被阻塞，可出现阵发性痉挛性疝痛症状，甚至由于造成肠破裂而死亡。

【病理变化】肝、肺和支气管内有幼虫，肝脏表面有灰白色的斑纹、大小不等的点状出血或暗红色的斑点；肺有炎症。肠道内有蛔虫，量多时小肠被堵塞，小肠黏膜有卡他性炎症、出血、溃疡。肠破裂有腹膜炎和腹腔积血。胆管阻塞、化脓、破裂，胆汁外流，肝脏黄染和变硬。

【防治要点】

（1）**预防**　定期驱虫和集中驱虫相结合，对粪便要做无害化处理，避免饲料与粪便接触。

（2）**治　疗**

①肌内注射　盐酸左旋咪唑注射液，每千克体重 7.5 毫克。磷酸左旋咪唑注射液，每千克体重 8 毫克。

②皮下注射　伊维菌素注射液，每千克体重 0.3 毫克。

③浇泼或涂擦　阿维菌素透皮剂，一次量，每千克体重 0.5 毫升，由肩部向后，沿背中线浇泼。

④混饲　伊维菌素预混剂，每 1 000 千克饲料 2 克（以伊维菌素计），连用 7 天。丙硫咪唑，每千克体重 5～20 毫克。盐酸左旋咪唑片，每千克体重 7.5 毫克。磷酸左旋咪唑片，每千克体重 8 毫克。敌百虫，一次量，每千克体重 80～100 毫克，总量不超过 7 克，混入饲料喂服。芬苯达唑片、芬苯达唑粉，一次量，每千克体重 7.5 毫克。

（三）类圆线虫病

本病是类圆科的蓝氏类圆线虫寄生于猪小肠引起的寄生虫病。以消瘦、腹泻、生长不良为主要症状。

【流行特点】

（1）**传染源**　带虫猪是主要的传染源。

（2）**传播途径和方式**　成虫在猪的小肠中产卵，卵随粪便排至外界，通过消化道、皮肤和初乳及胎盘感染。

（3）**易感性**　主要侵害仔猪，尤其是 20～30 日龄的仔猪，60 日龄以后逐渐减少。

（4）**季节性**　本病季节性明显，在夏季和雨季多发。

（5）**发病情况**　本病气候潮湿，圈舍消毒不严、卫生状况不良时多发；未孵化的虫卵在适宜的条件下可保持其发育能力 6 个月以上，感染性幼虫适宜在潮湿的环境生活，可生存 2 个月。

【临床症状】　主要侵害仔猪，顽固性腹泻，粪便由黑色逐渐变为白色。皮肤湿疹，咳嗽、气喘、呼吸困难，体温升高。

【病理变化】　无特征性病变，根据幼虫分布的组织以及寄生的数量和猪产生的反应，表现不同的病变。肠黏膜充血、出血，有糜烂性溃疡，肠内容物恶臭。肺小叶呈暗红色、灰红色，切面挤压流出血性或浆液性液体，胸膜潮红、粗糙，有纤维素性附着物。

【防治要点】

（1）**预防**　定期对母猪及仔猪进行检查，保持猪舍的清洁卫生、干燥，母猪产前要进行驱虫。

（2）**治　疗**

①肌内注射或皮下注射　盐酸左旋咪唑注射液，每千克体重 7.5 毫克。磷酸左旋咪唑注射液，每千克体重 8 毫克。

②内服　盐酸左旋咪唑片，7.5 毫克 / 千克体重。磷酸左旋咪唑片，每千克体重 8 毫克。

③混饲　伊维菌素预混剂，每 1 000 千克饲料 2 克（以伊维菌素计），连用 7 日。

（四）球 虫 病

本病是由艾美耳科的多种球虫寄生于猪肠上皮细胞内引起的以腹泻、肠黏膜出血性炎症为主的寄生虫病。

【流行特点】

（1）**传染源**　带虫的成年猪是主要的传染源。

（2）**传播途径和方式**　主要通过消化道感染。

（3）**易感性**　主要侵害哺乳仔猪。

（4）**季节性**　有明显的季节性，多发生于春、夏和秋季。

（5）**发病情况**　本病潮湿拥挤的圈舍严重，哺乳仔猪吞食了被孢子化卵囊污染的饲料和饮水引起发病，一般不明显，取良性经过，虫体感染量大，管理不善时可出现严重的症状。

【临床症状】 多发生 7～11 日龄的哺乳仔猪和断奶后 4～5 天的仔猪，粪便呈松软、糊状、灰黄色水样，有酸臭味，有的便秘、腹泻交替进行；被毛粗乱，消瘦、脱水，沾满粪便，无其他继发感染死亡率低。

【病理变化】 一般不明显。寄生数量多时，空肠、回肠黏膜出血、糜烂，形成纤维素性坏死假膜、易剥离，严重的有淡白至黄色的圆形结节。肠内容物呈褐色，恶臭。

【防治要点】

（1）**预防**　保持猪舍的环境卫生清洁、干燥，母猪产前要进行驱虫。工作人员进入圈舍，尤其进入产房前要进行消毒，特别注意脚底面的消毒。

（2）**治　疗**

①内服　盐酸氨丙啉，每千克体重20毫克。

②混饲　莫能霉素，每1000千克饲料60～100克。拉沙霉素，每1000千克饲料150毫克。

（五）弓形虫病

弓形虫病（又名弓形体病或弓浆虫病），是一种与球虫有关的刚第弓形虫引起的一种人兽共患的原虫性疾病。可引起猪发热、呼吸困难、腹泻、皮肤发红等临床症状。弓形虫有性生殖在猫的肠上皮细胞内，无性生殖在猪、马、牛、羊、狗、猫及人的有核细胞内进行。

【流行特点】

（1）**传染源**　病猪和病猫是主要的感染源。

（2）**传播途径和方式**　本病的传播途径较多，主要经过消化，呼吸道、眼结膜和损伤的皮肤感染，也可经胎盘感染。

（3）**易感性**　任何年龄的猪均可以感染，尤其是仔猪和生长肥育猪常见。

（4）**季节性**　本病一年四季均可发生。但在夏、秋季节，特别是雨后多发。

（5）**发病情况**　本病多呈暴发性和散发性急性感染。潮湿的环境有利于虫卵的发育。在寒冷潮湿、营养不良等应激因素刺激下，猪体抵抗力降低，可促进本病的发生。

【临床症状】　病初精神委顿，厌食，喜卧，体温升高41℃～41.5℃，呈稽留热，眼结膜潮红，有清亮鼻涕，呼吸急促，呈腹式或犬坐式呼吸，粪便呈粒状，外附黏液，随后行走时后肢摇摆，神经症状，失明，皮肤呈紫红斑，体表淋巴结肿大。妊娠母猪可出现

流产、产死胎和畸形胎儿，大多数产后，母猪恢复正常。

【病理变化】胸腹水量增多，呈淡红色；脾脏早期肿大，后期萎缩，有出血点；肝脏变硬、质脆，表面有针尖至黄豆大小的灰白色或灰黄色坏死灶，并有出血点；肾脏呈黄褐色，表面有针尖状出血点和灰白色坏死灶；肺脏膨胀，呈发亮带有光泽的暗红色，间质增宽、水肿，表面有针尖大至黄豆大小的灰白色坏死灶，切面流出带泡沫的液体；胃黏膜肿胀，胃底部充血，点状或条状出血、溃疡；淋巴结肿大、出血，切面出血并有灰白色坏死点；肠黏膜增厚，大肠有出血点和条状出血。

【防治要点】

（1）预防　猪场严禁养猫，做好灭鼠工作。病死猪，流产胎儿及分泌物要做无害化处理，被污染的场地要严格消毒。

（2）治疗　有效的治疗药物是磺胺类药物。

①肌内注射　磺胺-5-甲氧嘧啶注射液，每千克体重0.2毫升，首次量加倍，配合安乃近注射液，每天1～2次，连用6天。复方磺胺-6-甲氧嘧啶注射液，每千克体重50毫克，首次量加倍，每天2次，连续5天。

②内服　磺胺嘧啶钠片剂每千克体重70毫克＋乙胺嘧啶片剂6毫克，首次量加倍，每天2次，连用3～5天。

③混饲　复方新诺明，每千克体重20毫克，首次量加倍，每天2次，连用3～5天。每1000千克饲料添加磺胺喹噁啉钠可溶性粉500克，扶正解毒散1000克，连用7天。每千克体重添加磺胺间二甲氧嘧啶20毫克和甲氧苄啶10毫克，每天1次，连用4天。

三、普通病

（一）胃肠炎

胃肠炎是胃肠黏膜和黏膜下层组织炎性疾病的总称。猪只采食了腐败变质、冷冻的饲料，饮用受污染的水，患各种常见的传染病后，都可能引起胃肠炎。

【临床症状】食欲不良或废绝，精神不振，体温升高，严重时四肢、耳尖等末梢发凉。腹泻，粪便稀软、粥样、水样，恶臭或腥臭，粪便中有黏液、血液或坏死组织碎片，肛门失禁，呈里急后重现象。呕吐，呕吐物中有血液或胆汁。

【病理变化】胃黏膜潮红肿胀或出血，胃底腺部黏膜上有很厚的一层黏稠、浑浊的黏液；肠黏膜出血，表面附有糠麸样的伪膜，伪膜脱落后留下烂斑或溃疡，黏膜下水肿；肠内容物恶臭，常混有血液。

【防治要点】

（1）预防 严禁饲喂冰冷、变质腐败饲料，提供充足清洁卫生的饮水。

（2）治　疗

①内服　硫酸钠、人工盐、液状石蜡缓泻。硫酸钠，一次量，10～25克；人工盐，一次量，50～100克；液状石蜡，一次量，50～100克。

鞣酸蛋白、碱式硝酸铋、药用炭止泻。鞣酸蛋白，一次量，2～5克；碱式硝酸铋，一次量，2～4克；药用炭，一次量，3～10克。

补液盐补液。饮水中添加口服补液盐补液。

②肌内注射　庆大霉素、链霉素、氟本尼考等。

③静脉注射　生理盐水、复方生理盐水或5%糖盐水。

（二）胃 溃 疡

本病指胃食管区的溃疡。主要是由于饲喂发霉变质、粉碎过细、缺乏维生素、微量元素的饲料及恶劣的饲养环境引起。还有一些传染性疾病、寄生虫病及中毒性疾病等。

【临床症状】突然死亡，尸体苍白。皮肤苍白、贫血，呼吸加快，采食量减少，呕吐，粪便中带血。病程长者消瘦，贫血，粪便

呈黑色，严重的呈酱油色。

【病理变化】 胃内有凝血块，纤维素性物，黏膜出血。胃幽门、胃底部黏膜皱襞上有大小不等、形状不一、数量不等的糜烂；界限明显的，边缘整齐的溃疡，溃疡愈合留有瘢痕。有的胃穿孔，腹腔内脏器官粘连，腹膜炎症。

【防治要点】

（1）**预防** 定时定量饲喂，不喂发霉变质的饲料，减少环境应激因素。

（2）**治疗** 内服：碱式硝酸铋，一次量，2～4 克。

（三）肺 炎

肺炎是由气候变化或理化因素引起的肺部炎症。可分为小叶性肺炎和大叶性肺炎。小叶性肺炎是一个肺小叶或多个肺小叶及其相连的细支气管的炎症，又称卡他性肺炎或支气管肺炎；大叶性肺炎是整个肺叶的急性炎症。

【临床症状】

（1）**小叶性肺炎** 初期呈干短带痛的咳嗽，后期呈湿而长的咳嗽，痛感减轻或消失。精神不振，食欲减退或废绝，结膜潮红，体温升高，呼吸困难。

（2）**大叶性肺炎** 发病突然，体温升高 40℃～41℃或以上，稽留 6～9 天，精神不振，食欲减退或废食，咳嗽，由频发短痛到强烈的咳嗽，气喘，鼻腔流出铁锈色的鼻液。可视黏膜潮红、发绀，肌肉震颤。

【病理变化】

（1）**小叶性肺炎** 病变部有一侧或两侧，多发生于心叶、尖叶和膈叶的前下缘，表面有不规则的、呈岛屿状的、灰红色的、质地结实的散在的病灶；切面呈红色或暗红色，挤压可流出血性或浆液性液体。

（2）**大叶性肺炎** 可分为 4 个期：

充血水肿期：肺充血水肿，病变部位呈暗红色，切面平滑，挤压流出带血的泡沫性液体。

红色肝变期：肺肿大，质地变实，呈暗红色，肝变部切面粗糙、干燥，呈小的颗粒状，小叶间间质增宽，呈胶冻样。胸膜上有纤维素性渗出物，胸膜腔内有多量混有纤维素性凝块的渗出液。

灰色肝变期：肺质地硬，呈灰白色或灰黄色，切面干燥，呈灰白色，并且有细小的颗粒状突出。

溶解期：肺缩小，色泽恢复正常或略带灰红色，切面湿润、挤压有少量脓性浑浊液流出，质地柔软。

【防治要点】

（1）**预防**　保持圈舍良好的通风，适宜的温度。

（2）**治疗**

①抑菌消炎　选择敏感性好的抗生素。

②祛痰镇咳　内服，复方樟脑酊剂，一次1～3毫升，每天2～3次；复方甘草合剂，一次10～20毫升，每天2～3次；氯化铵和碳酸氢钠，各1～2克，拌入饲料中饲喂，每天2次。

③制止渗出　静脉注射10%氯化钙注射液，每次10～20毫升，每天1次；10%葡萄糖酸钙注射液，每次10～20毫升，每天1次。

④对症治疗　心力衰竭时，用安钠咖、樟脑磺酸钠等强心剂。呼吸高度困难时，肌内注射，氨茶碱，一次0.25～0.5克。

（四）子宫内膜炎

子宫内膜炎是子宫黏膜的黏液性或化脓性炎症。

【临床症状】

（1）**急性型**　多在产后或流产几天后发病，体温升高，食欲减退或废绝，常做排尿姿势，阴门流出黄白色、灰红色的、腥臭的分泌物，附着于尾部和阴门周围。

（2）**慢性型**　症状不明显，猪站立时阴门无黏液流出，躺卧时

从阴门流出灰白色、黄色黏稠的分泌物。在尾根、阴门周围有分泌物的结痂。发情不正常，屡配不孕。

【防治要点】

（1）**预防**　配种、接产、助产所用器械、操作人员的手臂以及母猪外阴部要进行严格消毒。加强妊娠期间的管理，保持圈舍卫生。提供合理营养，增强母猪的体质，提高机体抵抗力。

（2）**治　疗**

①清洗子宫　在急性期可用10%氯化钠溶液、0.02%新洁尔灭或0.1%高锰酸钾溶液等冲洗子宫，将冲洗用的溶液排出后，向子宫内注入抗生素如青霉素、金霉素等。若病猪有全身症状不能用冲洗法处理。

②抗菌消炎　全身症状时，可肌内注射抗生素，如青霉素、链霉素、金霉素等进行治疗。若体温升高，肌内注射安乃近、氨基比林。可在发情时，将青霉素、链霉素放入高压消毒的食用油中搅匀，注入子宫内。

（五）阴 道 炎

多数发生于圈舍不卫生，接产、助产操作不规范，以及产程过长，胎衣没有排净等原因。

【临床症状】

（1）**急性型**　前庭及阴道黏膜呈鲜红色，肿胀，有疼痛感，阴道内流出卡他性或脓性渗出物，常做排尿姿势，无尿排出，阴门频频开启。

（2）**慢性型**　阴道内有少量的卡他性或脓性分泌物流出。

【防治要点】

（1）**预防**　保持圈舍卫生，严格按照接产、助产规程执行，加强妊娠母猪的运动，缩短产程，排净胎衣。

（2）**治疗**　肌内注射，青霉素、链霉素联合用药。

（六）乳 房 炎

乳房炎是由于病原微生物侵入乳房引起的乳腺炎症。

【临床症状】 乳房肿胀发红，触诊温度升高、发硬、有疼痛感；乳汁稀薄如水，含有凝乳块、血液或浓汁，排乳不畅或排不出乳汁。仔猪吮乳时母猪表现不安，拒绝哺乳。仔猪因饥饿不停地叫唤，消瘦，皮肤、被毛苍白、粗糙。严重的母猪体温升高，精神不振，食欲减退或废绝。

【防治要点】

（1）预防 产房、产床要彻底消毒，有破损、尖锐的突出物，要及时修理。仔猪出生后要及时固定乳头，以防止由于争抢乳头造成乳头的损伤。母猪提供营养丰富的饲料，保证母猪能够提供充足的乳汁。

（2）治 疗

①全身治疗 肌内注射，青霉素、链霉素、盐酸土霉素等。

②封闭疗法 只有乳房病变的病猪，青霉素80万～240万国际单位用0.25%普鲁卡因注射液50～100毫升稀释，乳房基底部分点注射。每天1次，连用2～3天。

③外用 未溃烂的化脓性乳房炎，将30%鱼石脂软膏涂于乳房皮肤。破溃的脓肿，需进行外科处理，以免引起脓毒血症。

（七）应激综合征

应激综合征是猪受到应激因素的刺激，引发的一系列应答反应。应激因素包括气候、圈舍温湿度和空气质量、饲养密度、驱赶、去势、断尾、剪犬牙、注射等。本病的发生也与猪的品种、遗传有关。

【临床症状】 突然发生，气喘，呼吸困难，全身发红、发绀、苍白，呕吐，口吐白沫，肌肉震颤、僵直，盲目行走，摇摆，躺卧，四肢做游泳状，角弓反张。

【病理变化】 肌肉苍白、柔软、渗水，有的肌肉颜色暗红，质地粗硬。心包积液，心肌广泛出血。

【防治要点】

（1）预防　加强饲养管理，注意季节变化，做好防寒防暑，通风换气工作。加强种猪选育工作，淘汰应激敏感猪。

（2）治　疗

①肌内注射　盐酸氯丙嗪注射液，一次量，每千克体重1～2毫克。安定，一次量，每千克体重1～7毫克。

②静脉注射　为缓解酸中毒，5%碳酸氢钠注射液，250～500毫升。

（八）疝

疝又叫赫尔尼亚，是指腹部的内脏器官从自然孔或病理性破裂孔脱落到皮下或其他解剖腔的疾病。常见有脐疝和腹股沟阴囊疝。脐疝是指腹腔脏器（小肠或网膜等）经脐孔脱出于皮下。腹股沟阴囊疝是腹腔脏器（小肠或网膜等）通过腹股沟环脱出，进一步下降到阴囊鞘膜腔内的疾病。

【临床症状】

（1）脐疝　腹下脐部出现由小到大的局限性、半球形、柔软无痛性肿胀。大小可由鸡卵大至排球大，随日龄增大而增大。仔猪仰卧或以手按压时，肿胀缩小或消失，并可摸到孔洞。当疝囊底部与地面相接触，由于摩擦发生外伤，易感染化脓，可造成肠粘连，甚至破溃而形成粪瘘。

（2）腹股沟阴囊疝　公猪阴囊多数是一侧增大，用手摸柔软，无热痛，发硬，向腹部按压阴囊减小，放手后阴囊增大，随着年龄的增大而增大。

【防治要点】

（1）预防　加强种猪的选育与选配，淘汰有遗传缺陷的种猪，避免近亲交配。

接产仔猪断脐时动作要轻慢，在距仔猪身体 3 厘米处断脐，严禁用单手扯拽脐带。

（2）治　疗

①脐疝手术　患猪仰卧保定，脐部剪毛消毒，首先应判断肠管能否送回腹腔，然后做局部浸润麻醉。切开皮肤，检查肠管是否与腹壁粘连、坏死等。如有粘连，先行钝性分离后送入腹腔；如发现肠管坏死时，应切除坏死部分，进行肠管断端吻合术，然后纳入腹腔，在疝环周围人为做创口，然后做纽孔状缝合，撒布磺胺粉，皮肤做结节缝合。

②腹股沟阴囊疝手术　倒立保定或仰卧保定，手术部位消毒，切开皮肤，分离浅层和深层的筋膜，将总鞘膜剥离，从鞘膜囊的顶端捻转，确定全部内容物还纳后在总鞘膜和精索上打一个去势结，然后切断，将断端缝在腹股沟环上，腹股沟环过大时将其缝合几针，皮肤和筋膜分别缝合。如遇有粘连，在分离的时候要特别小心。

术后要精心护理，不宜喂得太饱，不要剧烈运动，防止腹压过高和伤口感染。肌内注射抗生素，防止继发感染。

（九）脱肛和直肠脱

肛门有脱出物主要有直肠脱及脱肛。脱肛是直肠后段部分黏膜脱出肛门外。直肠脱是直肠部分或全部脱出于肛门外。多发生于仔猪、妊娠母猪后期和分娩母猪。

【临床症状】

（1）脱肛　肛门处有红色、紫色的球状突出物。

（2）直肠脱　肛门处有红色、紫色长杆状突出物，脱出时间长时，黏膜充血，水肿，坏死，糜烂，颜色逐步变暗变紫，脱出部分粘有粪便和泥土；采食量减少，尾部蹭墙，排粪困难，频频努责。

【防治要点】

（1）预防　圈舍温度适宜，干燥卫生。防止便秘、腹泻。母猪分娩时要精心护理，遇到难产要及时进行助产，防止努责过度。

（2）治　疗

①脱出初期，用0.1%高锰酸钾液、0.5%新洁尔灭或0.1%呋喃西林液等清洗脱出部分及周围，然后送回，肛门周围作荷包式缝合（或和）后海穴位注射95%酒精。

②出现水肿、坏死、糜烂时，刺破水肿的黏膜，剪去坏死、糜烂的黏膜，而后用0.1%高锰酸钾液，0.5%新洁尔灭或0.1%呋喃西林液等清洗脱出部分及周围，然后送回肛门，周围缝合固定，根据猪的大小缝合时中间留1～3指的口，以利于排便；对于不能修复的要摘除病变部分，然后做直肠吻合术。

③全身治疗。肌内注射，庆大霉素，每千克体重12～40毫克，每天2次，连用3天。盐酸土霉素，每千克体重5～10毫克，每天2次，连用2～3天。青霉素，一次量，每千克体重4万～8万国际单位，每天2次，连用3～5天。

（十）中　暑

猪只受到强烈日光长时间的照射或在潮湿闷热的环境下，而引起的中枢神经系统发生急性病变。

【临床症状】 体温升高40℃～42℃及以上。初期兴奋、狂躁，四肢无力，步态不稳，气喘，黏膜潮红发紫，呕吐；后期昏迷，痉挛，鼻腔流出血样泡沫鼻液。

【病理变化】 脑、脑膜弥漫性出血、充血、水肿，脑脊液增多；肺充血、水肿，胸膜、心包膜和胃肠黏膜有瘀血斑及浆液性炎症。

【防治要点】

（1）预防　夏季严禁将猪长时间暴晒于太阳下；圈舍做好通风换气工作，降低饲养密度，保证充足的饮水，饲料中添加碳酸氢钠和维生素C。

（2）治　疗

①肌内注射，氯丙嗪，每千克体重1毫克。

②静脉注射或腹腔注射，5% 糖盐水，300～500 毫升。

发病后立即将猪转到阴凉、通风的地方，用冷水喷洒全身，尤其是头颈部，或用冷水反复灌肠。

（十一）难　产

母猪在分娩的过程中难于或不能将胎儿顺利产出，叫难产。

【临床症状】

母猪分娩过程中，无努责反应，或有努责反应但产不出胎儿。母猪表现极度不安，反复起卧。

【防治要点】

（1）预防　妊娠期母猪加强运动，合理供给饲料，保持正常体况，防止母猪过肥或过瘦和胎儿过大。

（2）治　疗

①肌内注射　缩宫素 20 万～50 万国际单位。适用于子宫收缩无力，胎位正常。

②人工助产　适用于胎位异常，胎儿偏大。矫正胎位后将胎儿拉出。

③剖宫产手术　适用于胎儿过大，产道狭窄，胎位异常无法矫正等。

（十二）铜 中 毒

铜中毒是猪过量采食含铜量高的饲料引起的疾病。铜对猪具有促生长作用，但过量摄入时可刺激胃肠黏膜，引起急性、出血性、坏死性炎症，可抑制多种酶活性而使肝功能异常，导致肝细胞变性、坏死，并使肝脏排铜发生障碍，造成血铜迅速升高，引起动物暴发式溶血而死亡。

【临床症状】

（1）急性　呕吐，大量流涎，腹泻，剧烈腹痛，粪中常有黏液，呈深绿色，呼吸促迫，心跳加快，虚脱死亡。

（2）**慢性**　食欲减退，喜饮水，喜卧，消瘦，大便稀、黑、臭，有时出现呕吐，黄疸，贫血，血红蛋白尿。

【病理变化】

（1）**急性中毒**　消化道黏膜糜烂和溃疡。

（2）**慢性中毒**　肝肿大、质地较硬、黄染，胆囊扩张，胆汁浓稠；肾肿大，包膜紧张，色泽深暗，常有出血点。脾肿大，呈棕色至黑色。

根据有采食过量铜的病史，临床症状及病理剖检变化可初步诊断。确诊需测定肾、肝、血及可疑饲料中铜的含量。

【防治要点】

（1）**预防**　日粮中微量元素铜的添加量按营养标准 5～6 毫克 / 千克，最高量为 250 毫克 / 千克进行，并注意混合均匀。在饲料中添加高剂量的铜，相应地增加钼、锌等微量元素的添加量。

（2）**治　疗**

①急性铜中毒　依地酸钙。也可灌服牛奶、蛋清或稀粥，以保护胃肠黏膜和减少铜的吸收。

②慢性中毒　饲料中添加钼盐，以促进铜排出。

（十三）砷 中 毒

采食了添加过量砷制剂的饲料或在治疗疾病时过量使用砷制剂引起的疾病。砷及其化合物可破坏机体的酶系统，阻碍细胞呼吸链，使组织因缺氧而死亡。

【临床症状】剧烈腹痛，口吐白沫，呕吐、腹泻、粪便腥臭，混有黏液和血液，流涎，齿龈黑紫色。运动失调，步态蹒跚，麻痹衰竭而亡。

【病理变化】尸体不易腐败。胃、小肠和盲肠充血、出血、水肿，黏膜糜烂坏死，严重时可发生穿孔。胃内容物有蒜臭味。肝、脾等器官脂肪变性。胸膜、心内外膜、膀胱有点状或弥漫性出血。

根据临床症状、病理变化可初步诊断。确诊可测定肝、脾、饲料、胃内容物中砷的含量。

【防治要点】

（1）预防 严格控制使用量。

（2）治 疗

①肌内注射 二巯基丙醇，每千克体重2～3毫克，1个疗程。二巯基丙磺酸，每千克体重7～10毫克，第1～2天每4～6小时1次，第3天开始每天2次。

②对症治疗 如强心补液，利尿，调理胃肠功能等。

（十四）食盐中毒

食盐中毒，是由于采食过多的食盐或饮水不足而引起的疾病。饲料中添加适量的食盐可增进食欲，帮助消化，但采食过多或饮水缺乏时，则易使猪发生中毒。

【临床症状】 病猪精神不振，采食量降低或不吃，黏膜潮红，饮水量增加，便秘或下痢，呕吐，兴奋不安，转圈或盲目行走，对外界反应迟钝，站立不稳，四肢痉挛，角弓反张，口吐白沫，心跳加快，呼吸困难，瞳孔散大，昏迷死亡。

【病理变化】 胃肠黏膜充血、出血，尤以胃底部最严重，有时胃黏膜有溃疡，肠系膜淋巴结充血、出血，实质器官充血或出血，肝肿大、质脆，心内膜有小的出血点。脑和脊髓各部可能有程度不同的充血、水肿，在急性病例的软脑膜和大脑实质最为明显，可见脑回展平、发水样光泽。

根据饲喂的饲料、饮水的情况和临床症状可做出初步诊断。确诊需进行实验室检查。如血钠的测定、饲料中食盐含量的测定。

【防治要点】

（1）预 防

①严禁直接饲喂不经任何处理的含盐分高的食物如泔水、腌制咸菜的水等。

②饲料中食盐含量0.3%～0.5%，并要混合均匀。

③平时要供给充足的饮水，当饮水器发生堵塞时，应及时修理。

（2）治疗　食盐中毒无特效解毒药，应以排出食盐为主。中毒后，不要马上供给大量的饮水，应多次少量给予饮水，以免病情恶化。

①催吐　内服，1%硫酸铜溶液50～100毫升。

②洗胃　急性、严重的用清水反复洗胃。

③致泻和保护胃肠黏膜　内服植物油类泻剂如豆油、菜籽油和蓖麻油等。

④对症治疗　根据出现的不同症状进行不同的治疗。为消除、缓解脑水肿，静脉注射25%山梨醇注射液50～100毫升或50%葡萄糖注射液50～100毫升。缓解兴奋和痉挛症状，静脉注射25%硫酸镁注射液20～40毫升，或肌内注射氯丙嗪2～5毫升。

（十五）亚硝酸盐中毒

亚硝酸盐中毒是由于采食或饮用了含有大量硝酸盐或亚硝酸盐的饲料或水，使机体组织缺氧而引起的中毒。饲喂猪用的青绿饲料保存或加工调制不当，使其中的硝酸盐还原为亚硝酸盐，亚硝酸盐是一种氧化剂，吸收入血后将血液中的血红蛋白氧化为高铁血红蛋白，而高铁血红蛋白无携氧功能，引起中毒。

【临床症状】采食后10～30分钟，突然死亡。步态不稳，流口水、吐白沫或呕吐，呼吸困难，呈犬坐姿势，口鼻发紫，流带血的泡沫状液体，皮肤、黏膜变为蓝紫色，四肢末梢发冷，体温正常或稍低，四肢麻痹，窒息而亡。

【病理变化】病猪的尸体腹部多较膨满，口鼻呈乌紫色，流出白色或淡红色泡沫状液。眼结膜可能带棕褐色，血液凝固不良，暗褐如酱油状。胃肠道各部呈不同程度的充血、出血。肝肾呈暗红色。肺膨大，气管和支气管黏膜充血、出血，管腔内充满带红色的泡沫状液。心外膜、心肌有充血和出血。

根据临床症状和病理变化可做出初步诊断。可进行亚硝酸盐简易检验和变性血红蛋白检查，进一步确诊。

【防治要点】

（1）预　防

①青绿饲料喂猪，要新鲜生喂；贮存时，要摊开存放；需要煮熟的青饲料，要用大火煮，敞开锅盖，煮熟后迅速倒出，不要长时间闷在锅里。

②即将收割的青绿饲料不要施用硝酸盐等化肥。

（2）治疗　本病的特效解毒药是美蓝和甲苯胺蓝。

①肌内注射　1%美蓝注射液，每千克体重0.1～0.2毫升。甲苯胺蓝，每千克体重5毫克。

②静脉注射　1%美蓝注射液，每千克体重0.1～0.2毫升，同时配合应用维生素C（每千克体重10～20毫克）和5%葡萄糖注射液300～500毫升。

③对症治疗　呼吸困难、喘息不止的，可用呼吸兴奋剂，如尼可刹米等。

（十六）霉饲料中毒

霉饲料中毒就是动物采食了发霉的饲料而引起的中毒性疾病。常见的有黄曲霉毒素、玉米赤霉烯酮、T-2毒素中毒。

【临床症状】

（1）黄曲霉毒素中毒　精神不振，厌食，可视黏膜苍白，后期黄染，走路摇摆，弓背，间歇性抽搐，大便干或稀，有的带血。食欲旺盛、体格健壮的猪发病率较高。

（2）玉米赤霉烯酮（F-2）中毒　母猪假发情，外阴充血、肿胀，阴道分泌物增多，乳腺增大，阴道脱垂。妊娠母猪流产、产死胎或弱胎等。公猪乳腺增大，包皮水肿，睾丸萎缩，性欲减退。

（3）T-2中毒　厌食、拒食，精神不振，步态蹒跚，流涎、呕吐、腹泻，生长发育不良。

【病理变化】

（1）黄曲霉毒素中毒　病变以贫血和出血为主。胸腹腔出血，肌肉出血，胃肠道出血，肝脏肿大、质脆、苍白或黄色，心脏内外膜出血。急性呈急性中毒性肝炎，慢性病例肝硬化，表面有黄色小结。

（2）玉米赤霉烯酮（F-2）中毒　阴道黏膜充血、肿胀、外翻和坏死；子宫肥大、水肿，内膜发炎，子宫角增大；卵巢发育不全，出现无黄体卵泡，部分卵巢萎缩。公猪的睾丸萎缩。

（3）T-2 中毒　胃肠道黏膜发炎、出血、水肿、坏死；肝脏变性、坏死、肿大、色黄、质脆；脾肿大、出血，肾脏出血、瘀血，有坏死结节。

根据临诊症状、病理变化，结合所喂的饲料是否有霉变等可初步诊断。确诊需要进行实验室检查，对技术和设备条件要求较高。

【防治要点】

（1）预　防

①妥善保存饲料，防止饲料发霉变质。收购原料时，杜绝收购发霉变质饲料，要控制水分的含量。饲料加工前检查加工设备，清除设备内的结块、发霉的剩余物。饲喂前及时清理食槽内剩余发霉饲料。

②严禁饲喂发霉变质的饲料。

③在气温高、湿度大的季节，饲料中要添加防霉剂，防止饲料发生霉变。

（2）治疗　无特效解毒药物和疗法。发现疾病立即停止饲喂怀疑霉变的饲料，换新料，同时采用相应的支持疗法和对症治疗。

①急性中毒　灌肠、洗胃用0.1%高锰酸钾溶液或1%过氧化氢溶液；缓泻，口服，硫酸镁，每次25～50克；硫酸钠，每次25～50克；液状石蜡，每次50～100毫升。

②酸中毒　静脉注射，5%碳酸氢钠注射液，每次40～120毫升；5%～20%硫代硫酸钠注射液每次20～50毫升；40%乌洛托

品注射液，每次 10～20 毫升。

③呼吸困难　静脉注射，安溴合剂（即 10%溴化钠液 10～20 毫升，10%安钠咖 2～5 毫升）。

④阴道脱垂　用 1/5 000 高锰酸钾溶液清洗，送还。为防止感染，饲料中添加抗生素。

（十七）仔猪缺铁性贫血

仔猪缺铁性贫血是指哺乳仔猪由于缺铁所发生的一种营养性贫血。

【临床症状】精神沉郁，食欲不振，被毛粗乱，消瘦；可视黏膜苍白，轻度黄染，皮肤灰白色，心跳加速，呼吸加快，稍加活动气喘不止。外观较肥胖的仔猪，可在奔跑或剧烈运动中突然死亡。

【病理变化】皮肤、可视黏膜苍白，有时轻度黄染。血液稀薄，肌肉颜色变淡，胸、腹腔内可能有积液，肝脏脂肪变性且肿大，心脏扩张。

根据发病日龄、临床症状、病理变化可初步诊断，通过血液学变化的实验室诊断可以确诊。

【防治要点】

（1）预防　仔猪出生后 3 天内肌内注射铁制剂或口服铁制剂，如硫酸亚铁、焦磷酸铁、乳酸铁及还原铁等，其中以硫酸亚铁为最常用。

（2）治　疗

①肌内注射　右旋糖酐铁钴注射液，每次 2 毫升，3 日龄和 10 日龄各 1 次。葡萄糖铁钴注射液，每次 2 毫升，3 日龄和 10 日龄各 1 次。

②口服　硫酸亚铁 2.5 克、硫酸铜 1 克、氯化钴 2.5 克，加水 1 000 毫升，每千克体重 0.25 毫升，每天 1 次，连喂 7～14 天。硫酸亚铁 100 克和硫酸铜 20 克，磨碎成细末后混于 5 千克细沙中，撒在猪栏内，任仔猪自由舔食。

（十八）钙和磷缺乏

当饲料中钙磷缺乏、钙磷比例失调、维生素 D 缺乏时，可引起仔猪发生佝偻病、成年猪发生骨软病。钙和磷是构成骨骼和牙齿的主要成分，并参与机体生理生化功能的调节。

【临床症状】

（1）佝偻病　主要发生于仔猪。食欲不振，消化不良，喜卧，异食，跛行，以弯腕、跗关节着地站立或爬行，出现凹背，四肢呈“O”形或“X”形，关节部位肿胀肥厚、肋骨与肋软骨结合处肿大，触压疼痛敏感。

（2）骨软症　多见于母猪。异嗜，喜啃食砖头、瓦砾，还吃胎衣。腰腿僵硬，拱背站立，步态强拘，跛行，喜卧或做匍匐姿势。膝关节、腕关节和跗关节肿大变粗，肋骨与肋软骨结合部呈串珠状，头部肿大、骨端变粗，易发生骨折和肌腱附着部撕脱。

根据饲喂情况、临床症状、猪的年龄等可做初步诊断。确诊要结合血液学检查、X 光检查、饲料成分分析等。

【防治要点】

（1）预防　按照饲养标准合理配置日粮，加强运动，保证充足的光照。

（2）治　疗

①肌内注射　维丁胶性钙注射液，每千克体重 0.2 毫克，隔日 1 次，维生素 AD 注射液，2～3 毫升，隔日 1 次。

②静脉注射　5% 氯化钙注射液，20～100 毫升。10% 葡萄糖酸钙注射液，50～150 毫升。

③内服　乳酸钙，一次 0.5～2 克。碳酸钙，一次 3～10 克。

（十九）锌缺乏症

锌缺乏症又称皮肤不全角化症，是由于饲料中锌含量绝对或相对不足所引起的一种营养缺乏症，临床上主要特征为生长缓慢、皮肤角化不全、繁殖机能障碍及骨骼发育异常。

【临床症状】 皮肤角化不全。腹下、股内侧、背部和四肢关节等部位的皮肤呈对称性的发红，丘疹，变厚，结痂，缺乏弹性，角化不全，无痒感。病变部脱毛，脱毛区皮肤上有一似石棉物状灰白色物。轻者体温和食欲均正常；重者食欲减退，生长发育迟缓，出现繁殖功能障碍，骨骼发育异常。

根据临床症状，补锌后的疗效，可初步诊断。实验室测定饲料、血清和组织锌含量有助于确诊。

【防治要点】

（1）预防 按照饲养标准添加锌制剂。适当限制钙的添加量以利于锌的吸收。

（2）治 疗

①肌内注射 碳酸锌，每千克体重2～4毫克，每天1次，连用10天。

②内服 硫酸锌，每天0.2～0.5克，连用数日。

③外用 皮肤严重皲裂时可涂搽氧化锌软膏，皮肤破溃化脓时可涂抹1%龙胆紫溶液或其他制菌油膏。

（二十）硒－维生素E缺乏症

硒、维生素E，或者二者同时缺乏或不足引起的营养代谢综合征，称为硒－维生素E缺乏症。临床上常表现为猪白肌病、营养性肝坏死等。

【临床症状】

（1）白肌病 急性病例突然呼吸困难、心脏衰竭而死亡。病程稍长者，精神不佳，食欲减退，心跳加快，心律失常，运动无力。严重时，起立困难，前肢跪下，或背腰拱起，或四肢叉开，肢体弯曲，肌肉震颤。肩部、背腰部肌肉肿胀，偶见采食、咀嚼障碍和呼吸障碍。仔猪常因不能站立吃不到母乳而饿死。

（2）肝坏死 急性病例多为体况良好、生长迅速的仔猪，预先

没有任何症状，突然发病死亡。存活仔猪常伴有严重呼吸困难、黏膜发绀、躺卧不起、皮下水肿等症状，强迫走动能引起立即死亡。有的食欲不振、呕吐、腹泻、粪便带血、黄疸，腹胀和发育不良。死亡率在10%以上，冬末春初发病率最高。

（3）**心肌型**　突然死亡；心率加快，多躺卧，皮肤有不规则的紫斑。

【病理变化】

（1）**白肌病**　病变多局限于心肌和骨骼肌。常受损害的骨骼肌为腰、背及股部肌肉群。肌肉变性、色淡，似用开水煮过一样，并可出现灰黄色、黄白色的点状、条状、片状的病灶，断面有灰白色斑纹，质地变脆。心肌扩张变弱，心内外膜下有与肌纤维一致的灰白色条纹，心径扩大，外观呈球形。肝脏肿大，有大理石状花纹，色由淡红转为灰黄或土黄色。心包积水，有纤维素沉着。

（2）**肝坏死**　正常肝组织与红色出血性坏死的肝小叶及白色或淡黄色缺血性凝固性坏死的小叶混杂在一起，形成色彩多斑的嵌花式外观。再生的肝小叶可突起于表面，使肝表面凹凸不平。

（3）**心肌型**　心肌外膜和心肌内膜斑点状出血，外观呈紫红色，如草莓或桑葚状，称桑葚心。肺水肿，胃肠壁水肿，体腔积液增多，易凝固。

根据临床症状、病理变化和亚硒酸钠治疗效果，可以做出初步诊断。确诊可采血做硒定量测定和谷胱甘肽过氧化物酶活性测定。

【防治要点】

（1）**预防**　在缺硒地区，饲料应中添加含硒和维生素E的饲料添加剂；采用含硒和维生素E较丰富的饲料饲喂猪。

（2）**治疗**　肌内注射，0.1%亚硒酸钠溶液，仔猪每次1～2毫升，育成猪、肥猪、母猪每次10～20毫升；醋酸生育酚，仔猪每次0.1～0.5克，育成猪、肥猪、母猪每次1克；亚硒酸钠维生素E注射液，仔猪每次1～2毫升。

（二十一）维生素A缺乏症

本病是维生素A或胡萝卜素长期摄入不足或吸收障碍所引起的一种慢性营养代谢缺乏病。

【临床症状】 皮肤粗糙，皮屑增多，皮脂溢出，皮肤表面分泌褐色渗出物，皮肤角化增厚，毛囊角化，被毛脱落。咳嗽、腹泻，生长发育缓慢；头面骨骼发育异常。面部麻痹，头颈向一侧歪斜，步样蹒跚，尖叫、倒地，目光凝视瞬膜外露，角弓反张，四肢做游泳状运动，视力减弱或夜盲症，视神经萎缩。妊娠母猪常出现流产、产死胎、弱胎、畸形胎。公猪则表现睾丸退化缩小，精液品质差。

【病理变化】 皮肤角质化增厚，被毛脱落，骨骼发育异常，眼结膜干燥，角膜软化或穿孔。神经变性坏死。眼、呼吸道、消化道和泌尿生殖道的黏膜有不同程度的炎症。妊娠母猪的胎盘变性，公猪的睾丸退化缩小。

根据饲养管理、临床症状、维生素A治疗效果，可做出初步诊断。确诊需通过检测血液、肝脏中维生素A含量、脱落细胞计数等实验室方法。

【防治要点】

（1）预　防

①饲料中添加维生素A，日粮中要有充足的青绿饲料、胡萝卜等富含维生素A的饲料。

②饲料原料不能贮存太久，加工好的饲料要及时饲喂，尤其夏季贮藏时间不宜过长。

（2）治　疗

①肌内注射　维生素AD注射液，母猪2～4毫升；仔猪0.5～1毫升。

②口服　鱼肝油，仔猪每次2～3毫升，母猪每次10～15毫

升，每天 1 次，连用数天。维生素 AD 油，每次 10～15 毫升。

（二十二）维生素 B_1 缺乏症

维生素 B_1 又叫硫胺素，维生素 B_1 缺乏症是由于饲料中 B_1 不足或含有干扰 B_1 的物质如硫胺酶或猪只患有急慢性腹泻而影响 B_1 的吸收，引起的一种营养缺乏病，临床表现以神经症状为特征。

【临床症状】 病初精神不振，食欲下降，生长发育缓慢。皮肤干燥、被毛粗乱无光，呕吐、腹泻、消化不良，有的运动麻痹、瘫痪、行走摇晃。共济失调，后肢跛行，抽搐、水肿（眼睑、颌下、胸腹下、后肢内侧最明显）。后期皮肤黏膜发绀，体温下降，心动过速，呼吸促迫，衰竭而亡。发病缓慢，病程长。

根据饲料中缺乏维生素 B_1，临床症状和硫胺素治疗效果卓著，可做出诊断。实验室测定血中丙酮酸和硫胺素含量，有助于确诊。

【防治要点】

（1）**预防**　加强饲养管理，增喂青饲料、谷物饲料、米糠、麸皮和酵母等富含维生素 B_1 的饲料。

（2）**治　疗**

①皮下、肌内或静脉注射，硫胺素（维生素 B_1），每千克体重 0.25～0.55 毫克，每天 1 次，连用 3 天。丙硫酰胺，每千克体重 0.25～0.55 毫克，每天 1 次，连用 3 天。

②内服，酵母片每天 5～10 克。

（二十三）异 嗜 癖

异嗜癖是由于代谢功能紊乱，味觉异常的一种非常复杂的多种疾病的综合征。多发生在舍饲的猪群。

【临床症状】 采食平时不吃的东西，食欲减退，生长缓慢，渐渐消瘦，对外界刺激的敏感性增高，皮肤被毛干燥无光，便秘，腹泻或便秘腹泻交替出现，母猪常引起流产、吞食胎衣，仔猪、架子猪相互啃咬尾巴、耳朵等。

【防治要点】 查明病因，针对不同的病因采取相对应的防治措施。如饲料营养成分缺乏，就补充所缺营养成分；对于寄生虫和肠道消耗性疾病，则要进行积极的治疗。

第七章

猪场疾病统计登记制度

一、猪场疫情报告制度

猪场猪群的疾病不仅给养殖户带来严重的经济损失，而且严重影响猪肉的质量及人类的食品安全。猪场兽医的工作是以预防、控制和消灭疾病、保障猪群健康为目的，要达到这一目的，就应建立疾病报告制度，并进行统计分析，以便及时制定疾病防制对策，降低疾病风险。

（一）日报制度

猪场兽医每日定期观察猪群健康状况，记录猪群饮食、运动、呼吸、休息、精神等状况，当发现异常时，要记录发病猪群或猪个体所在的圈舍、品种、日龄、数量、临床表现，尤其是具有特征性的临床表现，死亡数量，病理剖检，实验室检查，防制措施和效果，并对周边地区猪场的疫情进行调查，掌握疾病的第一手资料，科学分析，并向上级领导进行汇报。

（二）周报制度

每周末要组织有关人员将一周内的疫情日报进行统计、分析和总结，找出疑似疾病的发生和转归、防制成功或失败的原因，预测将要发生的疾病和可能存在的风险，制定防制措施，向场长汇报。

（三）月报制度

每月定期组织包括猪场负责人在内的相关人员，对一月内的报告进行统计分析，寻找疫病发生发展规律，及时修正和制定科学合理的防制措施，向场长汇报。

（四）年度总结

年末对影响猪场猪群健康的疑似疫病，临床表现，发病数量，死亡数量，病理剖检，实验室检查，防制措施和效果，进行统计、分析、总结、汇报，并制定检测、监测计划，进一步修正和制定合理科学的防制措施。

（五）疑似重大疫病及时准确上报

疑似猪瘟、口蹄疫、高致病性猪蓝耳病等重大疫情，应向当地兽医主管部门报告，不隐瞒、不谎报、不迟报、不阻碍他人上报，积极配合当地兽医主管部门，采取强制措施，迅速控制，扑灭疫情，防止疫情扩散。

二、统计登记报表与填写

（一）统计登记报表

1. 猪场猪群健康状态日报表

表 7-1　哺乳母猪日报表

猪　群				圈　舍			温　度			湿　度			空　气			卫　生			日　期					
哺乳母猪																								
栏号	精神状况			膘　情			食　欲			饮　水			乳　房			哺　乳		粪　便			外阴收缩		外阴分泌物	
	正常	委顿	兴奋	肥胖	适中	消瘦	正常	降低	废食	正常	减少	增加	正常	伤损	炎症	正常	拒乳	正常	干硬	稀软	正常	不全	正常	异常
备注																								

表 7-2　哺乳仔猪日报表

猪　群		圈　舍		温　度		湿　度		空　气		卫　生		日　期	
哺乳仔猪													
栏号	精神状况			膘　情		躺　卧			吮　吸			粪　便		
	正常	委顿	兴奋	正常	消瘦	正常	拥挤	分散	有力	无力	拒吸	正常	干硬	稀软
备注														

表 7–3　保育仔猪日报表

猪群	圈舍	温度	湿度	空气卫生	日期
保育猪					

栏号	精神状况			膘情		躺卧			采食			运动			粪便		
	正常	委顿	兴奋	正常	消瘦	正常	拥挤	分散	正常	降低	废绝	正常	跛行	神经症状	正常	干硬	稀软
备注																	

表 7–4　待配母猪日报表

猪群	圈舍	温度	湿度	空气卫生	日期
待配母猪					

栏号	精神状况			乳房收缩		膘情			运动			发情			粪便		
	正常	委顿	兴奋	收缩	收缩不全	肥胖	正常	消瘦	正常	跛行	神经症状	明显	不明显	不发情	正常	干硬	稀软
备注																	

表 7–5　种公猪日报表

猪群	圈舍	温度	湿度	空气卫生	日期
种公母猪					

栏号	精神状况			膘情			运动		性欲		睾丸		食欲		粪便		
	正常	委顿	兴奋	肥胖	正常	消瘦	正常	跛行	正常	异常	正常	异常	正常	异常	正常	干硬	稀软
备注																	

表 7-6　后备猪日报表

猪群	圈舍	温度	湿度	空气	卫生	日期
后备猪						

栏号	精神状况			生长发育			食欲			饮水			外生殖器		母猪发情			公猪性欲		运动		粪便		
	正常	委顿	兴奋	正常	快	迟缓	正常	降低	废食	正常	减少	增加	正常	异常	明显	不明显	不发情	正常	异常	正常	异常	正常	干硬	稀软
备注																								

表 7-7　肥育猪日报表

猪群	圈舍	温度	湿度	空气	卫生	日期
肥育猪						

栏号	精神状况			膘情		躺卧			采食			运动			粪便		
	正常	委顿	兴奋	正常	消瘦	正常	拥挤	分散	正常	降低	废绝	正常	跛行	神经症状	正常	干硬	稀软
备注																	

2. 疫病报告表

表 7-8　疫病报告表

猪群	圈舍	栏号	温度	湿度	空气	卫生	日期

临床症状	病理剖检	实验室检查	防制措施	效果

备　注：

3. 常用药品库存表

表 7-9　常用药品库存表

药品名称	生产厂	入库时间	数　量	生产日期	批　号	有效期	备　注

保　管：

4. 常用药品领取表

表 7-10　常用药品领取表

药品名称	领取时间	数　量	批　号	有效期	领取人	备　注

5. 常用疫苗库存表

表 7-11　常用疫苗库存表

疫（菌）苗名称	生产厂	入库时间	数　量	生产日期	批　号	有效期	备　注

保　管：

6. 常用疫苗领取表

表 7-12　常用疫苗领取表

药品名称	领取时间	数　量	批　号	有效期	领取人	备　注

7. 猪群预防用药表

表 7–13　猪群预防用药表

药品名称	用药时间	用法用量	栋、圈	猪日龄	用药原因	效　果	备　注

8. 猪群预防免疫接种表

表 7–14　猪群预防免疫接种表

接种时间	栋、圈	猪日龄或年龄	数　量	疫（菌）苗名称	批　号	有效期	用法用量	备　注

9. 猪疾病诊断表

表 7–15　猪疾病诊断表

<table>
<tr><td>耳　号</td><td>品　种</td><td>性　别</td><td>日龄（年龄）</td><td colspan="3">日　期</td></tr>
<tr><td></td><td></td><td></td><td></td><td></td><td></td><td></td></tr>
<tr><td>栋</td><td>圈</td><td>温　度</td><td>湿　度</td><td>空　气</td><td>饲　料</td><td>饮　水</td></tr>
<tr><td></td><td></td><td></td><td></td><td></td><td></td><td></td></tr>
<tr><td colspan="3">临床症状：</td><td colspan="2">尸体剖检：</td><td colspan="2">实验室检查：</td></tr>
<tr><td>诊断结果</td><td colspan="6"></td></tr>
<tr><td>治　疗</td><td colspan="6"></td></tr>
<tr><td>转　归</td><td colspan="6"></td></tr>
<tr><td>备　注</td><td colspan="6"></td></tr>
</table>

兽医签字：

10. 猪尸体剖检表

表 7–16 猪尸体剖检表

耳 号	品 种	性 别	日龄（年龄）	死亡时间	
栋	圈	温 度	湿 度	空 气	剖检时间

临床诊断结果：

肉眼观察：

组织学变化：

病理诊断结果：

主检人　　　　　　　　　　　　　　助检人　　　　兽医

（二）统计登记报表的填写

统计登记报表一定要按照报表时间进行上报，所填写的内容要完整，可以根据本场的实际情况改动，无论如何改动，所填写的内容要真实。

附　录

猪场常用药物表

附表 1　抗微生物药

药　名	适应证	用法用量	注意事项
β－内酰胺类			
青霉素	适用于各种动物敏感菌所致的疾患，如猪丹毒、钩端螺旋体病、链球菌病等	肌内注射：一次量，2万单位～3万国际单位/千克体重，每日2～3次，连用2～3天	心、肾功能不全的病猪慎用
氨苄西林	适用于敏感革兰氏阳性菌和革兰阴性菌感染，如大肠杆菌、沙门氏菌、巴氏杆菌、葡萄球菌和链球菌感染	混饮：以氨苄西林计，每1000毫升水60毫克。皮下或肌内注射（混悬注射液），一次量，5～7毫克/千克体重。每日1次，连用2～3天。肌内、静脉注射（注射用氨苄西林钠）：一次量，10～20毫克/千克体重。每日2～3次，连用2～3天	1. 休药期15天 2. 对青霉素耐药的革兰氏阳性菌感染不宜应用 3. 其他参见注射用青霉素钠
阿莫西林	主要适用于对氨苄西林敏感的革兰氏阳性球菌和革兰阴性菌感染，如猪肺疫、仔猪黄白痢、仔猪副伤寒、猪链球菌病等	肌内、皮下注射（阿莫西林、克拉维酸钾注射液）：1毫升/20千克体重。每日1次，连用3～5天 肌内注射：一次量，5～10毫克/千克体重。每日2次，连用2～3天	参见注射用青霉素钠

续附表 1

药　名	适应证	用法用量	注意事项
头孢噻呋	适用于革兰阳性和革兰氏阴性菌感染，如猪胸膜肺炎放线杆菌、大肠杆菌、沙门氏菌引起的感染等	肌内注射：一次量，3～5 毫克 / 千克体重。每日 1 次，连用 3 天	1. 休药期 2 天 2. 盐酸头孢噻呋注射液，使用前充分摇匀，不宜冷冻 3. 注意对肾功能不全猪调整剂量
氨基糖苷类			
链霉素	适用于治疗各种敏感菌引起的急性感染，如猪的呼吸道、泌尿道、消化道和乳腺感染	肌内注射：一次量，10～15 毫克 / 千克体重。每日 2 次，连用 2～3 天	1. 休药期 18 天 2. 对氨基糖苷类过敏的病猪禁用 3. 病猪出现脱水或肾功能损害时慎用
庆大霉素	适用于敏感菌引起的败血症、泌尿生殖道感染、呼吸道感染、胃肠道感染、乳腺炎及皮肤和软组织感染等	肌内注射：一次量，2～4 毫克 / 千克体重，每日 2 次，连用 2～3 天。 内服：一次量，仔猪 5～10 毫克 / 千克体重，每日 2 次，连用 2～3 天	1. 休药期 40 天 2. 庆大霉素与 β－内酰胺类抗生素联合用药时不能在体外混合 3. 本品与青霉素联合，对链球菌具协同作用 4. 不宜静脉推注
卡那霉素	主要适用于治疗败血症、泌尿道及呼吸道感染	肌内注射：一次量，10～15 毫克 / 千克体重。每日 2 次，连用 3～5 天	参与庆大霉素
新霉素	适用于治疗革兰阴性菌所致的胃肠道感染	混饲：每 1000 千克饲料 77～154 克（效价），连用 3～5 天。 内服：硫酸新霉素＋甲溴东莨菪碱溶液，一次量，仔猪体重 7 千克以下 1 毫升，仔猪体重 7～10 千克用量 2 毫升	本品内服可影响维生素 A、维生素 B_{12} 以及洋地黄类药物的吸收

续附表 1

药　名	适应证	用法用量	注意事项
大观霉素	适用于防治猪沙门氏菌病、大肠杆菌性肠炎、支原体感染和猪密螺旋体性痢疾等	内服：20～40 毫克 / 千克体重，每日 2 次，连用 3～5 天	与四环素合用呈拮抗作用
四环素类			
土霉素	适用于治疗大肠杆菌、沙门氏菌、巴氏杆菌、放线菌和支原体引起的疾病等	内服：一次量，10～25 毫克 / 千克体重。每日 2～3 次，连用 3～5 天。 肌内注射：一次量，10～20 毫克 / 千克体重。每日 1～2 次，连用 2～3 天 静脉注射：一次量，5～10 毫克 / 千克体重。每日 2 次，连用 2～3 天	1. 内服休药期 7 天；注射休药期 8 天 2. 肝、肾功能严重不良的病猪忌用本品 3. 土霉素盐酸盐水溶液酸性较强，刺激性大，不宜肌内注射 4. 内服时应避免与乳制品和含钙、镁、铝、铁等药物或饲料同服
四环素	适用于治疗某些革兰氏阳性和阴性菌、支原体、立克次氏体、螺旋体、衣原体等感染	内服：一次量，10～20 毫克 / 千克体重。每日 2～3 次，连用 3～5 天。 混饮：每升水 100～200 毫克，连用 3～5 天 混饲：每 1000 千克饲料 300～500 克（治疗）连用 3～5 天 静脉注射：一次量，5～10 毫克 / 千克体重。每日 2 次，连用 2～3 天	1. 休药期 28 天 2. 盐酸四环素注射液忌与碱性药物配伍
金霉素	适用于预防或治疗大肠杆菌病、猪细菌性肠炎、钩端螺旋体病等。促进猪的生长，提高饲料利用率	内服：一次量，10～25 毫克 / 千克体重。每日 2 次 混饲：每 1000 千克饲料 300～500 克。连用不超过 5 天	休药期 28 天

续附表 1

药　名	适应证	用法用量	注意事项
多西环素	适用于治疗革兰氏阳性、阴性菌和支原体引起的感染性疾病	内服：一次量，3～5毫克/千克体重，每日1次，连用3～5天 混饮：每升水100～150毫克，连用3～5天 混饲：每1000千克饲料150～250克，连用3～5天	休药期28天
大环内酯类			
红霉素	主要适用于治疗耐青霉素葡萄球菌引起的感染性疾病	内服：一次量，仔猪10～20毫克/千克体重，每日2次，连用2～3天。 静脉注射：注射用乳糖酸红霉素，一次量，3～5毫克/千克体重，每日2次，连用2～3天	1. 注射用乳糖酸红霉素休药期7天 2. 本品忌与酸性物质配伍 3. 不宜肌内注射。静脉注射速度应缓慢 4. 注射溶液的pH应维持在5.5以上
吉他霉素	主要适用于革兰氏阳性菌（包括耐药金黄色葡萄球菌）的感染，以及猪支原体病、猪的弧菌性痢疾等。促进猪的生长和提高饲料转化率	内服：一次量，20～30毫克/千克体重，每日2次，连用3～5天 混饮：每升水100～200毫克。连用3～5天。 混饲：每1000千克饲料，促生长5～50克。治疗80～300克，连用5～7天	休药期7天

续附表 1

药 名	适应证	用法用量	注意事项
泰乐菌素	本品主要适用于猪支原体病，也可用作猪的促生长剂	口服：一次量，7～10毫克/千克体重，每日2次，连用5～7天。 混饲：磷酸泰乐菌素预混剂，每1000千克饲料400～800克。磷酸泰乐菌素、磺胺二甲嘧啶预混剂，以泰乐菌素计，每1000千克饲料100克，连用5～7天 肌内注射：一次量，5～13毫克/千克体重。每日2次，连用7天	酒石酸泰乐菌素休药期21天；泰乐菌素注射液休药期14天；磷酸泰乐菌素、磺胺二甲嘧啶预混剂休药期15天
替米考星	主要适用于防治猪肺炎	混饲：以替米考星计，每1000千克饲料200～400克，连用15日	1. 休药期14天 2. 本品禁止静脉注射 3. 肌内和皮下注射均可出现局部反应（水肿等），也不能与眼接触 4. 注射本品时应密切监视心血管状态 5. 添加替米考星药的浓缩料不得含有膨润土
酰胺醇类			
甲砜霉素	主要适用于大肠杆菌、沙门氏菌感染	内服：以甲砜霉素计，一次量，5～10毫克/千克体重，每日2次，连用2～3天	1. 肾功能不全的病猪要减量或延长给药间隔时间 2. 疫苗接种期或免疫功能严重缺损的猪禁用

续附表 1

药　名	适应证	用法用量	注意事项
氟苯尼考	主要适用于大肠杆菌、沙门氏菌、巴氏杆菌、嗜血杆菌和猪放线菌感染	口服：以氟苯尼考计，体重 20～30 毫克 / 千克，每日 2 次，连用 3～5 天 混饲：以本品计，每 1000 千克饲料 1000～克，连用 7 天 肌内注射：一次量，20 毫克 / 千克体重，每隔 48 小时 1 次，连用 2 次	1. 氟苯尼考粉剂休药期 20 天；氟苯尼考注射液休药期 14 天 2. 肾功能不全的病猪要减量或延长给药间隔时间 3. 疫苗接种期或免疫功能严重缺损的猪禁用
林可胺类			
林可霉素	适用于革兰氏阳性菌感染，猪密螺旋体和支原体感染。特别是耐青霉素而对本品敏感的细菌感染。也可用于促进育肥猪生长，提高饲料利用率。与硫酸大观霉素联合可用于防治猪的沙门氏菌病、大肠杆菌性肠炎等	口服：一次量，10～15 毫克 / 千克体重，每日 1～2 次，连用 3～5 天 混饮：每升水 40～70 毫克（效价）。连用 3～5 天 混饲，以林可霉素计，每 1000 千克饲料 44～77 克，连用 1～3 周 肌内注射：一次量，10 毫克 / 千克体重，每日 2 次，连用 3～5 天	猪用药后可能出现胃肠道功能紊乱

续附表 1

药 名	适应证	用法用量	注意事项
多肽类抗生素			
黏菌素	主要适用于治疗革兰氏阴性杆菌引起的肠道感染，外用治疗烧伤和外伤引起的绿脓杆菌感染。具有促生长作用	内服：一次量，仔猪1.5～5毫克/千克体重。一日1～2次，连用3～5天 饮水：以黏菌素计，每1升水40～200毫克 混饲：以黏菌素计，每1000千克饲料，哺乳仔猪2～40克；仔猪2～20克	1. 休药期7天 2. 超剂量应用可引起肾功能损伤
杆菌肽	本品适应证与青霉素相似。主要用作促生长饲料添加剂，提高饲料转化率	混饲，以杆菌肽计，每1000千克饲料，猪6月龄以下4～40克	对肾脏毒性大
维吉尼霉素	主要适用于猪促生长	混饲：以维吉尼霉素计，每1000千克饲料10～25克	
其他			
泰妙菌素	主要适用于防治猪支原体肺炎、放线菌性胸膜肺炎和密螺旋体性痢疾等。低剂量还可促进生长、提高饲料转化率	饮水：以泰妙菌素计，每升水45～60毫克，连用5天 混饲：以泰妙菌素计，每1000千克饲料40～100克，连用5～10天	1. 禁止与莫能菌素、盐霉素等聚醚类抗生素合用 2. 使用者应避免药物与皮肤接触
黄霉素	对猪有促进生长、提高饲料转化率的作用	混饲：以黄霉素计，每日每头育肥猪5克，仔猪20～25克	不宜用于大猪

附表 2　合成抗菌药

药　名	适应证	用法用量	注意事项
磺胺类药			
磺胺嘧啶	本品适用于各种动物敏感菌所致的全身感染，是磺胺类药中用于治疗脑部细菌感染的首选药物	内服，一次量，首次量 140～200 毫克 / 千克体重，维持量 70～100 毫克，每日 2 次，连用 3～5 天 混饮：以磺胺嘧啶计，一日量，15～30 毫克 / 千克体重，连用 5 天	1. 不宜含对氨基苯甲酸基的药物如普鲁卡因、丁卡因、酵母片等合用 2. 同服噻嗪类或呋塞米等利尿剂，可增加肾毒性和引起血小板减少
磺胺二甲嘧啶	主要适用于巴氏杆菌病、乳腺炎、子宫内膜炎、呼吸道及消化道敏感菌感染，猪弓形虫病	内服：一次量，首次量 140～200 毫克 / 千克体重，维持量 70～100 毫克，每日 1～2 次，连用 3～5 天	同磺胺嘧啶 休药期 7 天
磺胺对甲氧嘧啶	适用于泌尿道感染，对生殖、呼吸系统及皮肤感染也有效	内服：一次量，首次量 50～100 毫克 / 千克体重，维持量 25～50 毫克，每日 1～2 次，连用 3～5 天	休药期 7 天
磺胺间甲氧嘧啶	适用于敏感菌所引起的感染，如呼吸道、消化道、泌尿道感染及球虫病、猪弓形虫病等	内服：一次量，首次量 50～100 毫克 / 千克体重，维持量 25～50 毫克，每日 2 次，连用 3～5 天 静脉注射：一次量，50 毫克 / 千克体重。每日 1～2 次，连用 2～3 天	休药期 7 天
抗菌增效剂			
甲氧苄啶	适用于多种革兰阴性菌和革兰氏阳性菌感染，其中对溶血性链球菌、葡萄球菌、大肠杆菌、巴氏杆菌和沙门氏菌有较强的抗菌作用	一般不单独使用，常与磺胺类药物及多种抗生素合用，增强抗菌效果，甚至使抑制作用变为杀菌作用	妊娠母猪和仔猪要慎用

续附表 2

药 名	适应证	用法用量	注意事项
喹诺酮类药			
恩诺沙星	适用于猪敏感细菌及支原体所致的消化系统、呼吸系统、泌尿系统及皮肤软组织的各种感染性疾病	内服：一次量，2.5～5毫克/千克体重，每日2次，连用3～5天 肌内注射：一次量，2.5毫克/千克体重，每日1～2次，连用2～3天	1. 休药期10天 2. 肾功能不良病猪慎用，可偶发结晶尿 3. 不应在亚治疗剂量下长期使用
乳酸环丙沙星	适用于细菌性疾病和支原体感染	肌内注射：以环丙沙星计，一次量，2.5毫克/千克体重，每日2次，连用2～3天 静脉注射：一次量，2毫克/千克体重，每日2次，连用2～3天	参见恩诺沙星片
喹嘌啉类			
乙酰甲喹	适用于密螺旋体引起的猪痢疾，大肠杆菌引起的仔猪黄痢、白痢等	内服：一次量，5～10毫克/千克体重，每日2次，连用3天 肌内注射：一次量，2～2.5毫克/千克体重，每日2次，连用3天	1. 休药期35天 2. 本品只能作治疗用药，不能用作促生长剂
喹乙醇	适用于35千克以下猪作促生长剂	混饲：以本品计，每1 000千克饲料50～100克（喹乙醇计）	体重超过35千克的猪禁用
其他合成抗菌药			
盐酸小檗碱	适用于治疗细菌性肠道感染	内服：一次量0.5～1克	本品可引起溶血性出血
乌洛托品	适用于尿路感染	静脉注射：一次量5～10克	与氯化铵同时应用，使尿液呈酸性

附表3　抗寄生虫药

药　名	适应证	用法用量	注意事项
驱线虫药			
阿苯达唑	用于线虫病、绦虫病和吸虫病	内服：一次量，5～10毫克/千克体重	
芬苯达唑	用于线虫病和绦虫病	内服：3毫克/千克体重，连用3天	休药期5天 在常规剂量下，芬苯达唑一般不会产生不良反应。由于死亡的寄生虫释放抗原，可继发产生过敏性反应，特别是在高剂量时
左旋咪唑	用于胃肠道线虫病、肺丝虫病和猪肾虫病	内服：一次量，7.5毫克/千克体重 皮下、肌内注射：一次量，7.5毫克/千克体重	1. 休药期3天 2. 具有烟碱作用的药物可增加左旋咪唑的毒性 3. 哺乳期母猪禁用
伊维菌素	用于防治线虫、螨和昆虫病	肌内注射：一次量0.3毫克/千克体重 混饲：一日0.1毫克/千克体重，连用7天	1. 休药期2天 2. 伊维菌素注射液，仅限于皮下注射 3. 每个皮下注射点，不宜超过10毫升
多拉菌素	用于预防和治疗猪体内、外寄生虫病	肌内注射：一次量，0.3毫克/千克体重	参见伊维菌素
精制敌百虫	用于驱除胃肠道线虫、猪姜片虫、螨、蚤、虱等	内服：一次量，体重80～100克/千克	1. 禁与碱性药物并用 2. 妊娠母猪及心脏病、胃肠炎的病猪禁用 3. 中毒时，用阿托品与解磷定等解救
杀虫药			

续附表 3

药 名	适应证	用法用量	注意事项
辛硫磷	用于驱杀猪螨、虱、蜱等体外寄生虫	外用浇泼：辛硫磷浇泼溶液，沿猪的脊背从两耳浇淋到尾根，30毫克/千克体重（耳根部感染严重者，可在每侧耳内另外浇淋75毫克） 药浴：配制成0.05%乳液 喷洒：配制成0.1%乳液	1. 遇明火、高热可燃 2. 中毒时，用阿托品与解磷定解救
溴氰菊酯	主要用于驱杀体表寄生虫如螨、虱、蜂、虻等。也用于杀灭环境、圈舍有害昆虫，如蚊、蝇等	药浴、喷淋：每1 000升水100～300毫升	1. 忌与碱性药物合用 2. 对塑料制品有腐蚀性 3. 对鱼以及冷血动物毒性较大

附表 4 解热镇痛抗炎药

药 名	适应证	用法用量	注意事项
对乙酰氨基酚	用于发热	内服：一次量1～2克 肌内注射：一次量0.5～1克	1. 大剂量可引起肝、肾损害 2. 肝、肾功能不全的病猪及仔猪慎用
安乃近	用于肌肉痛、风湿症、发热性疾病及病痛等	内服：一次量2～5克 肌内注射：一次量，猪1～3克	1. 不宜于穴位注射，尤其不适于关节部位注射，否则可能引起肌肉萎缩和关节功能障碍 2. 可抑制凝血酶原的合成，加重出血倾向
氨基比林	用于发热性疾病、关节炎、肌肉痛和风湿症等。可治疗急性风湿性关节炎	肌内或皮下注射：一次量50～200毫升	连续长期应用可引起粒性白细胞减少症，应定期检查血象

附表 5　健胃药与助消化药

药　名	适应证	用法用量	注意事项
人工矿泉盐	小剂量用于消化不良，大剂量可用于早期大肠便秘	内服：健胃，一次量，猪 10～30 克；缓泻：猪 50～100 克	1. 禁与酸性药物配伍应用 2. 内服作泻剂应用时宜大量饮水
胃蛋白酶	临床常用于胃液分泌不足或幼畜因胃蛋白酶缺乏所引起的消化不良	内服：一次量 800～1 600 单位	
干酵母	临床用于 B 族维生素缺乏症	内服：一次量 5～10 克	1. 不宜与磺胺类药并用 2. 用量过大可发生轻度下泻

附表 6　泻药与止泻药

药　名	适应证	用法用量	注意事项
硫酸镁	用于大肠便秘，排除肠内毒物、毒素或驱虫药的辅助用药	内服：一次量 25～50 克（配成 6%～8% 溶液）	1. 肠炎病猪不宜用本品 2. 中毒时可静脉注射氯化钙进行解救
液状石蜡	适用于小肠便秘、有肠炎的及妊娠的便秘	内服：一次量 50～100 毫升（可加温水灌服）	不宜多次服用，以免影响消化，阻碍脂溶性维生素及钙、磷的吸收
鞣酸蛋白	用于猪腹泻	内服：一次量 2～5 克	
次硝酸铋	用于非细菌性肠炎和腹泻	内服：一次量 2～4 克	
药用炭	用于生物碱等中毒及腹泻、胃肠臌气等	内服：一次量 10～25 克	能吸附其他药物和影响消化酶活性

附表 7 祛痰镇咳药与平喘药

药 名	适应证	用法用量	注意事项
祛痰镇咳药			
氯化铵	常用于祛痰	内服，一次量 1～2 克	1. 有恶心、呕吐反应 2. 肝脏、肾脏功能异常的猪慎用或禁用 3. 忌与碱性药物、重金属盐、磺胺药等配伍应用
平喘药			
氨茶碱	主要用于缓解支气管哮喘症状，也用于心功能不全或肺水肿的病猪	肌内、静脉注射：一次量 0.25～0.5 克	内服可引起恶心、呕吐等反应

附表 8 生殖激素药

药 名	适应证	用法用量	注意事项
子宫收缩药			
缩宫素	产前子宫收缩无力时催产、引产及产后出血、胎衣不下和子宫复旧不全的治疗	皮下、肌内注射：缩宫素注射液，一次量 10～50 单位	产道阻塞、胎位不正、骨盆狭窄及子宫颈尚未开放时忌用于催产
垂体后叶素	催产、产后子宫出血和胎衣不下等。	皮下、肌内注射：垂体后叶注射液，一次量 10～50 单位	1. 临产时，若产道阻塞、胎位不正、骨盆狭窄、子宫颈尚未开放等禁用 2. 用量大时可引起血压升高、少尿及腹痛

续附表 8

药 名	适应证	用法用量	注意事项
性激素			
甲基睾丸素	治疗雄性激素缺乏引起的隐睾症，雄性激素分泌不足引起的性欲缺乏。治疗乳腺囊肿胀，治疗贫血辅助药	内服：一次量 10～40 毫克	1. 妊娠和哺乳母猪禁用 2. 有一定程度的肝脏毒性
丙酸睾丸素	雄性激素缺乏的辅助治疗	肌内、皮下注射：丙酸睾丸素注射液，一次量，100 毫克	1. 具有水、钠潴留作用，肾、心或肝功能不全病猪慎用 2. 可以作治疗用，但不得在猪肉中检出
己烯雌酚	治疗母猪性器官发育不全，也用于催情、胎衣不下、子宫炎和子宫蓄脓、死胎排出等	肌内注射：一次量，6～20 毫克	只发情不排卵
黄体酮	用于预防流产	肌内注射：一次量 15～20 毫克	长期应用可使妊娠期延长
绒促性素	性功能障碍、习惯性流产及卵巢囊肿等	肌内注射：注射用绒促性素，一次量 500～1000 单位。每周 2～3 次	1. 不宜长期应用，以免产生抗体和抑制垂体促性腺功能 2. 本品溶液极不稳定，且不耐热，应在短时间内用完
促卵泡素	刺激卵泡颗粒细胞增生和膜层迅速生长发育	皮下、静脉和肌内注射：卵泡刺激素注射液，一次量 5～25 毫克。临用时用灭菌生理盐水稀释	
黄体生成素	能促进排卵。治疗卵巢囊肿、习惯性流产、小猪生殖器官发育不全、精子生成障碍、性欲缺乏、泌乳不足等	肌内注射：黄体生成素注射液，一次量 5 毫克，每周 2～3 次	治疗卵巢囊肿剂量加倍

续附表 8

药 名	适应证	用法用量	注意事项
甲基前列腺素 F_{2a}	同期发情、同期分娩；也用于治疗持久性黄体、诱导分娩和排除死胎等	肌内注射或宫颈内注射：甲基前列腺素 F_{2a} 注射液，一次量，每千克体重 1～2 毫克	1. 妊娠母猪忌用，以免引起流产 2. 治疗持久黄体时用药前应仔细检查，以便针对性治疗
氯前列醇	诱导母畜同期发情，同期分娩，以及治疗产后子宫复原不全、胎衣不下、子宫内膜炎和子宫蓄脓等。主要用于妊娠母猪诱导分娩	肌内注射：氯前列醇注射液，一次量 0.175 毫克	1. 妊娠母猪禁用 2. 因药物可诱导流产及急性支气管痉挛，因此呼吸道疾病猪要小心 3. 氯前列醇易通过皮肤吸收，不慎接触后应立即用肥皂和水进行清洗 4. 不能与非类固醇类抗炎药同时应用

附录 9 止血药与抗凝血药

药 名	适应证	用法用量	注意事项
止血药			
维生素 K	维生素 K 缺乏所致的出血和各种原因引起的维生素 K 缺乏症	肌内注射：一次量，每千克体重 0.5～2.5 毫克	1. 较大剂量可致仔猪溶血性贫血、高胆红素血症及黄疸 2. 维生素 K_3 可损害肝脏，肝功能不良患畜宜改用维生素 K 3. 严格掌握用法、用量，不宜长期大量应用 4. 肌内注射部位可出现疼痛、肿胀等
酚磺乙胺	应用于各种出血。亦可与其他止血药（如维生素 K）并用	肌内、静脉注射：一次量 0.25～0.5 克	预防外科手术出血，应在术前 15～30 分钟用药

续附表 9

药　名	适应证	用法用量	注意事项
安络血	毛细血管损伤所致的出血性疾患，如鼻出血、内脏出血、血尿、视网膜出血、手术后出血及产后出血等	肌内注射：一次量 2～4 毫升	1. 本品中含有水杨酸，长期应用可产生水杨酸反应 2. 用本品前 48 小时应停止给予抗组胺药 3. 本品不影响凝血过程，对大出血、动脉出血疗效差
抗凝血药			
枸橼酸钠	常用于防止体外血液凝固	枸橼酸钠一般配成 2.5%～4% 溶液使用，若供输血用时必须按注射剂要求配制	大量输血时，应另注射适量钙剂，以预防低血钙

附录 10　抗贫血药

药　名	适应证	用法用量	注意事项
硫酸亚铁	缺铁性贫血，如慢性失血、营养不良、妊娠母猪及哺乳期仔猪贫血等	内服：一次量 0.5～3 克	禁用于消化道溃疡、肠炎等
右旋糖酐铁	同上	肌内注射：右旋糖酐铁注射液，一次量，仔猪 100～200 毫克	
右旋糖酐铁钴注射液	用于仔猪缺铁性贫血	肌内注射：右旋糖酐铁钴注射液，一次量，仔猪 2 毫升	
维生素 B_{12}	维生素 B_{12} 缺乏所致的贫血和仔猪生长迟缓等	肌内注射：维生素 B_{12} 注射液，一次量 0.3～0.4 毫克	

三农编辑部即将出版的新书

序号	书名
1	肉牛标准化养殖技术
2	肉兔标准化养殖技术
3	奶牛增效养殖十大关键技术
4	猪场防疫消毒无害化处理技术
5	鹌鹑养殖致富指导
6	奶牛饲养管理与疾病防治
7	百变土豆　舌尖享受
8	中蜂养殖实用技术
9	人工养蛇实用技术
10	人工养蝎实用技术
11	黄鳝养殖实用技术
12	小龙虾养殖实用技术
13	林蛙养殖实用技术
14	桃高产栽培新技术
15	李高产栽培技术
16	甜樱桃高产栽培技术问答
17	柿丰产栽培新技术
18	石榴丰产栽培新技术
19	连翘实用栽培技术
20	食用菌病虫害安全防治
21	辣椒优质栽培新技术
22	希特蔬菜优质栽培新技术
23	芽苗菜优质生产技术问答
24	核桃优质丰产栽培
25	大白菜优质栽培新技术
26	生菜优质栽培新技术
27	平菇优质生产技术
28	脐橙优质丰产栽培